高等职业教育系列教材

建筑施工组织

刘 洋 主 编
杨林骏 胡顺新 副主编

中国建筑工业出版社

图书在版编目（CIP）数据

建筑施工组织 / 刘洋主编；杨林骏，胡顺新副主编
. — 北京：中国建筑工业出版社，2022.12
高等职业教育系列教材
ISBN 978-7-112-28199-2

Ⅰ. ①建… Ⅱ. ①刘… ②杨… ③胡… Ⅲ. ①建筑工
程-施工组织-高等职业教育-教材 Ⅳ. ①TU721

中国版本图书馆 CIP 数据核字（2022）第 221966 号

本教材共有 7 个教学单元，包括教学单元 1 绪论、教学单元 2 建筑工程施工准备工作、教学单元 3 建筑工程流水施工、教学单元 4 网络计划技术、教学单元 5 施工组织总设计的编制、教学单元 6 单位工程施工组织设计的编制、教学单元 7 施工进度计划控制。

本教材适合土木工程类建筑工程技术、工程造价专业和工程管理专业的学生学习，以及相关从业人员参考使用。

本教材配备丰富的数字资源，可扫描书中二维码免费使用。为方便教师授课，本教材作者自制免费课件，索取方式为：1. 邮箱：jckj@cabp. com. cm；2. 电话：(010) 58337285；3. 建工书院：http：//edu. cabplink. com。

责任编辑：王予芊
责任校对：姜小莲

高等职业教育系列教材
建筑施工组织
刘 洋 主 编
杨林骏 胡顺新 副主编

*

中国建筑工业出版社出版、发行(北京海淀三里河路 9 号)
各地新华书店、建筑书店经销
北京鸿文瀚海文化传媒有限公司制版
河北鹏润印刷有限公司印刷

*

开本：787 毫米×1092 毫米 1/16 印张：11½ 插页：1 字数：287 千字
2023 年 1 月第一版 2023 年 1 月第一次印刷
定价：**36. 00** 元（赠教师课件）
ISBN 978-7-112-28199-2
(40227)

前　言

　　施工组织，是指以科学编制一个工程的施工组织设计为研究对象，编制出指导施工的技术纲领性文件，合理地使用人力物力、空间和时间，着眼于工程施工中关键工序的安排，使之有组织、有秩序地施工。

　　施工组织是根据批准的建设计划、设计文件（施工图）和工程承包合同，对土建工程任务从开工到竣工交付使用，所进行的计划、组织、控制等活动的统称。

　　施工组织是对工程施工项目全过程的计划、组织、指挥、协调、监督和控制的活动，其中施工组织计划就是在充分理解建设意图和要求的基础上，通过对施工条件，包括合同条件、法规条件和现场条件的深入调查研究，编制施工组织设计文件，用于指导现场施工和项目管理。

　　本书由广西理工职业技术学院刘洋担任主编，广西理工职业技术学院杨林骏、胡顺新担任副主编，谭丽霞、梁建、卢志豪、宛佳佳作为参编参与教材编写工作。在本书的编写过程中得到了团队中成员的大力支持。其中杨林骏编写教学单元1、教学单元2，胡顺新编写教学单元3，卢志豪、谭丽霞编写教学单元4，梁建编写教学单元5，刘洋编写教学单元6、教学单元7，宛佳佳负责前言、初稿排版等工作。本书在编写过程中得到了广大同仁的帮助和指正，为本书提出了宝贵的经验和意见，在此表示衷心的感谢。

　　由于时间仓促，书中难免存在错误，恳请广大读者批评指正。

目　录

教学单元 1

绪论

Chapter 01

教学目标

1. 知识目标：

了解单位工程施工组织设计编写的依据、原则和程序；理解单位工程施工组织设计的内容、资源需用量计划编制方法；熟悉施工方案、施工顺序的选择方法；掌握施工进度计划各项的编制步骤及编制要求，结合课程设计的工程对象，编制出具有指导性的施工进度计划；掌握施工现场平面图布置的内容及步骤。

2. 能力目标：

具备能根据工作要求独立完成工程概况、施工方案、施工进度计划、资源需用量计划及施工平面布置图的绘制能力。

3. 素质目标：

按照课程思政的新要求，将课程教学目标的教育性、知识性、技能性相交融，将学生专业技能培训与激发个人理想、社会责任感有机结合。

思维导图

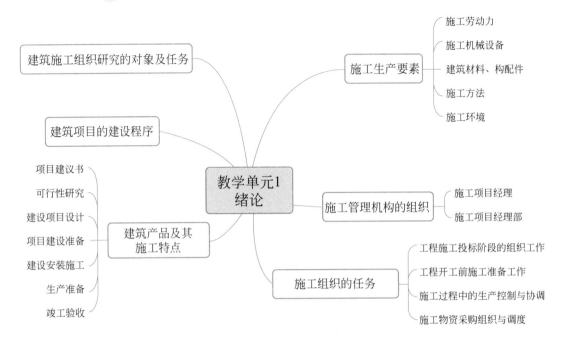

工程施工是将建设意图和蓝图变成现实的建筑物或构筑物的生产活动，是工程建设全过程的重要阶段。它必须围绕着特定的建设条件和预期的建设目标，遵循客观的自然规律和经济规律，应用科学的管理观念和方法，进行生产要素的优化配置和动态管理，以控制投资，确保质量、工期和安全，提高工程建设的经济效益、社会效益和环境效益。

做好工程项目的施工组织，首先，要熟悉工程建设的特点、规律和工作程序，熟悉客观施工条件；其次，要掌握施工生产要素及其优化配置与动态控制的原理和方法，科学而缜密地编制工程项目的施工组织设计文件。这些内容将在本书以下各个模块展开讲解。本章着重介绍建设程序、施工生产要素、施工组织的任务、施工阶段各方主体的作用和责任等内容。

1.1 建筑施工组织研究的对象及任务

第一章节建筑施工组织研究的对象及任务

工程的施工要投入大量的人力、物力和财力，随着各种资源的不断投入，逐步形成工程实体。这就涉及人工、材料、机械设备、资金等资源什么时候投入，如何投入的问题。施工组织就是从"人、料、机、法、环"这五个要素出发，进行统一合理的安排，优化资源配置，在一定的时间和空间内实现有组织、有计划的均衡施工，进而达到工期短、质量高、成本低的目的。

施工组织的任务具体表现在以下几个方面：

（1）确定开工前必须完成的各项准备工作，如核对设计文件、补充调查资料、先遣人员进场等。

（2）计算工程数量、合理部署施工力量，确定劳动力、机械台班、各种材料、构配件等的需要量和供应方案。

（3）确定施工方案，选择施工机具。

（4）安排施工顺序，编制施工进度计划。

（5）规划施工平面图，完成对料场、仓库、拌合场、预制场、生活区、办公室等的平面布置。

（6）制订确保工程质量及安全生产的有效技术措施。

把上述问题汇总、综合形成的指导性文件，即施工组织设计。

施工单位根据施工组织设计进行施工活动，合理安排施工顺序，合理进行劳动力、机械设备等资源配置，控制工程质量、工程进度、工程成本，使工程有条不紊地进行。

1.2　建筑项目的建设程序

建设程序，是指建设项目从计划决策、竣工验收到投入使用的整个建设过程中各项工作必须遵循的先后顺序。它反映了建设活动的客观规律和相互关系，是长期工程建设实践过程中技术经济和管理活动的理性总结。根据几十年建设工作的实践，我国已逐步形成了一整套符合基本建设客观规律的、科学的基本建设程序。

现行的基本建设程序可概括为项目建议书、项目可行性研究、项目设计、项目建设准备、建筑安装施工、生产准备、竣工验收和交付使用。

1.3　建筑产品及其施工特点

1.3.1　项目建议书

项目建议书是建设某一具体项目的建议文件，是基本建设程序中最初阶段的工作，是投资决策前对拟建的轮廓设想，项目建议书的主要作用是为了推荐一个拟建项目的初步说明，论述它建设的必要性、条件的可行性和获利的可能性，以确定是否进行下一步工作。项目建议书的内容一般应包括建设项目提出的必要性和依据；项目方案、拟建规模和建设地点的初步设想；资源情况、建设条件、协作关系等的初步分析；投资估算和资金筹措设想；经济效益和社会效益的估计。

建设单位根据国民经济和社会发展的长远规划、行业规划、地区规划等要求，经过调查、预测分析后，提出项目建议书。项目建议书按要求编制完成后，按照现行的建设项目审批权限进行报批。

1.3.2 项目可行性研究

可行性研究是对建设项目在技术上与经济开上（包括微观效益和宏观效益）是否可行进行科学分析和论证工作，是技术经济的深入论证阶段，为项目决策提供依据。可行性研究是建设项目决策阶段的核心组成，关系到整个建设项目的前途和命运，必须深入调查研究，认真进行分析，做出科学的评价。在这一工作阶段，一般包括可行性研究、编制可行性研究报告、审批可行性研究报告和成立项目法人四大环节。

可行性研究的主要任务是通过多方案比较，提出评价意见，推荐最佳方案。可行性研究的内容可概括为市场（供需）研究、技术研究和经济研究三项。具体来说，工业项目的可行性研究的内容包括项目提出的背景、必要性、经济意义、工作依据与范围、需求预测和拟建规模、资源材料和公用设施情况、建厂情况和厂址方案、环境保护、企业组织定员及培训、实际进度建议、投资估算数和资金筹措、社会效益及经济效益。在可行性研究的基础上、编制可行性研究报告。

建设单位应当在建设项目可行性研究阶段报批建设项目环境影响报告书、环境影响报告表或者环境影响登记表。建设项目环境影响报告书应当包括建设项目概况，建设项目周围环境现状，建设项目对环境可能造成影响的分析和预测，环境保护措施及其经济、技术论证，环境影响经济损益分析，对建设项目实施环境监测的建议，环境影响评价结论等内容。可行性研究报告批准后，作为初步设计的依据，不得随意修改和变更。如果在建设规模、项目方案、建设地区、主要协作关系等方面有变动以及突破投资控制数时应经原批准机关同意。可行性研究报告经批准项目才算正式"立项"。

按照现行规定，大中型和限额以上项目可行性研究报告经批准后，项目可根据实际需要组织筹建机构，即组织项目法人。但一般改、扩建项目不宜单独设筹建机构，仍由原企业负责筹建。

1.3.3 建设项目设计

两阶段和
三阶段
设计

我国建设项目设计的工作模式，有两阶段设计和三阶段设计之分，通过规定各阶段设计文件应达到的设计深度来控制设计质量和建设投资规模。

一般建设项目进行两阶段设计，即初步设计和施工图设计；技术上比较复杂而又缺乏设计经验的项目，在初步设计后加技术设计，故有三阶段设计之说。

1. 初步设计

初步设计阶段的任务，是进一步论证建设项目的技术可行性和经济合理性，解决工程建设中重要的技术和经济问题，确定建筑物形式、主要尺寸、施工方案以及总体布置，编制总体施工组织设计和设计概算。初步设计由主要投资方组织审批，其中大中型和限额以上项目，要报国家计划和行业归口主管部门备案。初步设计文件经批准后，总体布置、建筑面积、结构形式、主要设备、主要工艺过程、总概算等，无特殊情况，均不得随意修改、变更。如果初步设计提出的总概算超过可行性研究报告总投资的10％以上或其他主要指标需要变更时，应说明原因和计算依据，并报可行性研究报告原审批单位同意。

初步设计的主要内容包括：

（1）设计依据。

（2）指导思想。

（3）建设规模。

（4）工程方案确定依据。

（5）总体布置。

（6）主要建筑物的位置结构、尺寸和设备。

（7）总体施工组织设计。

（8）总概算。

（9）经济效益分析。

（10）对下阶段设计的要求等。

建设项目的初步设计，应当按照环境保护设计规范的要求，编制环境保护篇章，并依据经批准的建设项目环境影响报告书或者环境影响报告表，在环境保护篇章中落实防治环境污染和生态破坏的措施以及环境保护设施投资概算。

2. 技术设计

技术设计阶段是根据已批准的初步设计来编制的。对于一般的中小型建设工程可不设置该设计阶段。而对于大中型建设项目，通常利用该阶段进一步解决初步设计中重大的技术问题，如生产的工艺流程、建筑结构设计计算、设备的选型和数量的确定等。通过技术设计将会使建设项目的设计更完善、更具体，经济、技术、质量等各方面的指标做得更好。

3. 施工图设计

施工图设计是按照初步设计和技术设计所确定的设计原则，对不同专业进行的详细设计，并分别绘制各专业的工程施工图。各专业必须按设计合同的要求，按期完成设计任务，提交完善的施工图纸，保障建设项目后续工作的顺利实施。

施工图设计的主要内容包括进行细部结构设计，绘制出正确、完整和详尽的工程施工图纸，编制施工方案和施工图概算。其设计的深度应满足材料和设备订货、非标准设备的制作、加工和安装编制具体施工措施和施工预算等的要求。

1.3.4　项目建设准备

建设准备的主要工作内容包括：

（1）征地拆迁和场地平整。

（2）完成施工用水、电路等工程。

（3）材料和设备的招标采购以及组织项目招标投标。

（4）办理各项建设行政手续。

（5）编制项目管理实施规划等。

项目在报批开工前，必须由审计机关对项目的有关内容进行开工前审计。审计机关主要是审查项目的资金来源是否正当，项目开工前的各项支出是否符合国家的有关规定，资产是否按有关规定存入银行专户等。新开工的项目还必须具备按施工顺序所需要的、至少有三个月以上的工程施工图纸，否则不能开始建设。

建设准备工作完成后，在公开招标前编制项目投资计划书，按现行的建设项目审批权限进行报批。大中型工业建设项目和基础设施项目，建设单位申请批准开工要经国家发展和改革委员会统一审核后，编制年度大中型和限额以上建设项目开工计划并报国务院批准。部门和地方政府无权自行审批大中型和限额以上建设项目的开工报告。年度大中型和限额以上新开工项目经国务院批准，国家发改委下达项目计划的目的是实行国家对固定资产投资规模的宏观调控。

1.3.5　建筑安装施工

建设项目经批准新开工建设，项目即进入了建设实施阶段。项目新开工时间，是指建设项目设计文件中规定的任何一项永久性工程（无论生产性或非生产性）第一次正式破土开槽开始施工的日期。不需要开槽的工程，以建筑物正式打桩作为正式开工。工程需要进行大量土方、石方工程的，以开始进行土方、石方工程作为正式开工。

从任意一项永久性工程破土动工开始，至计划任务书内规定的项目构成内容全部建成、经竣工验收交付生产或使用止为建设项目的建设工期。

全面施工安装的展开，视项目的建设规模、系统构成、建设资金安排、施工条件、项目动用目标等具体情况做出施工规划和部署。中小型建设项目或单项工程系统、单位工程建筑物一般列为一个施工总体规划和部署，组织建设施工安装。大型或特大型建设项目、城市新开发区大型居住区等，一般需进行分期分批建设，每期工程项目的构成，形成一个相对独立的，有配套使用条件的交工系统。每期的建设规模，各期之间的平行或搭接情况，左右着建设施工的组织方式、建设速度和建设工期，影响着施工成本和经济效益。

1.3.6　生产准备

对于工业建设项目在施工阶段还要进行生产准备。生产准备是项目投产前由建设单位进行的一项重要工作。它是衔接建设和生产的桥梁，是建设阶段转入生产经营的必要条件。建设单位应适时组成专门机构做好生产准备工作。

生产准备工作的内容根据企业的不同而异，一般包括下列内容：

（1）组建管理机构，编制管理制度和有关规定。

（2）招收并培训生产人员，组织生产人员参加设备的安装、调试和工程验收。

（3）签订原料、材料、协作产品、燃料、水、电等供应及运输的协议。

（4）进行工具、器具、备品、备件等的制造或订货。

（5）其他必需的生产准备。

1.3.7　竣工验收和交付使用

竣工验收是工程建设过程的最后一环，是全面考核基本建设成果、检验设计和工程质量的重要步骤，也是基本建设转入生产或使用的标志。对于政府投资的建设项目，竣工验收也是向国家交付新增固定资产的过程。竣工验收对促进建设项目及时投产、发挥投资效益及总结建设经验，都有着重要的作用。

根据国家现行规定，所有建设项目按照批准的设计文件所规定的内容和要求建成，工业项目经负荷试运转和试生产考核能够投入生产合格产品，非工业项目符合设计要求、能够正常使用时，都要及时组织验收。

建设项目竣工验收、交付生产和使用，应达到下列标准：

（1）生产性工程和辅助公用设施已按设计要求建完，能满足生产要求。

（2）主要工艺设备已安装配套，经联动负荷试车合格，构成生产线，形成生产能力，能够生产出设计文件中规定的产品。

（3）生产福利设施能适应投产初期的需要。

（4）生产准备工作能适应投产初期的需要。

建设项目竣工后，建设单位应当向审批该建设项目环境影响报告书、环境影响报告表或者环境影响登记表的环境保护行政主管部门，申请该建设项目需要配套建设的环境保护设施竣工验收。环境保护设施竣工验收应当与主体工程竣工验收同时进行。

1.4　施工生产要素

生产要素一般是指人的要素、物的要素及其结合因素，通常将劳动者和生产资料列为最基本的要素。工程施工（即建筑业产品生产）和一般工业制造业的产品生产有着共同的地方，那就是都要通过生产要素（4M1E），即劳动主体——人（Man）；施工对象——材料、半成品（Material）；施工手段——机具设备（Machine）；施工方法——技术工艺（Method）；施工环境——外部条件（Environment）。

另外，构成施工生产要素的还有资金（Money）、信息（Information）以及土地（Land）等资源。随着科学进步和生产发展，还会有新的生产要素进入生产过程，生产要素的结构也会发生变化。从工程项目管理的原理来说施工项目管理的任务，就是通过对施工生产要素的优化配置和动态管理，以实现施工项目的质量、成本、安全的管理目标。

1.4.1　施工劳动力

工程项目施工，必须根据施工组织设计所确定的施工方案及施工进度计划的要求，组织劳动力投入现场施工。由于建筑业属于劳动密集型行业，劳动力需求量比较大。我国改革开放以来，随着经济的持续快速发展，大量农村剩余劳动力向城市转移，形成了令人瞩目的建筑劳务群体。从事建筑业的农村建筑劳务，无论在建筑劳务总数当中，还是在建筑业从业总人数当中都占有相当大的比例。因此，必须了解建筑业劳动用工的特点、劳动力的来源，从而提出使用和管理要求。

1. 建筑业劳动用工的特点

就整个建筑行业来说，劳动用工的主要特点是需求量较大、波动明显、流动性强。

（1）需求量较大。建筑业是一个劳动密集型的行业，现场生产作业，手工操作的工作量大。尽管随着工厂化、机械化和自动化程度的不断提高，可以改变建筑业的生产方式，减少现场用工量，降低劳动强度，并且将其作为行业技术进步的方向予以重视。但从行业的生产特点来看，建筑行业仍然是吸纳劳动力最多的行业之一。

（2）波动明显。建筑业的生产规模，受国家经济和社会发展政策的影响，取决于固定资产投资规模的大小。固定资产投资增加建筑业的生产规模扩大，对劳动力的需求也就增多，反之亦然。

（3）流动性强。流动性，是指建筑业的劳动力，可根据建筑市场的发展变化，在不同地区之间流动，随着国际经济的一体化和国内建筑市场的开放，跨地区、跨国界承担施工项目变得越来越普遍。

从工程项目对施工劳动力需求来看，劳动用工又具有以下特点：

（1）配套性。建筑工程施工通常是由许多专业工种共同完成一个工程项目，诸如有泥工、木工、钢筋工、电焊工、混凝土工、粉刷工、油漆工等数十种之多。或者说，工程施工通常是先将工程的施工部位或内容，分解成分部分项工程，然后将其分别交给指定的专业或混合的劳动组织（班组或施工队）来完成施工作业。因此，施工承包单位的现场施工管理机构（通常称施工项目经理部），在配备劳动力时，不论是由企业内部配备自有固定工人，还是通过建筑市场进行劳务分包，从总体上说，都不是单个工人进行招募后定岗使用。而是成建制地配套招用，即劳务分包方式，以保持其工种的配套性、协调性。

（2）动态性。劳务作业工人，应能根据施工进度计划所确定的施工时间，进、出场作业。并能保持其计划设定的作业效率，在规定的期限内完成符合质量标准要求的施工任务。经过作业交工或交接验收之后，及时撤离施工现场，转移到其他施工现场。由于专业分工的原因，作业工人一般不需要从工程开工至竣工的整个过程都待在施工现场。

2. 建筑业劳动用工的方式

自从建筑业管理体制进行改革，引入招标承包制和工程项目管理方法之后，施工企业在管理体制上已普遍实行管理层和劳务作业层"两层分离"。管理层承担施工项目管理，实行施工项目经理责任制和施工项目成本核算制，全面进行施工项目的质量、成本、工期和安全目标的控制，履行对业主（发包方）承诺的责任和义务。企业内部劳动作业层被视同外部建筑生产要素市场的分包施工单位，同样通过劳务合同，建立与项目经理部的劳务发包与承包关系，确定了他们之间相对的管理位置。劳务作业层实行作业管理和作业成本核算，并在项目经理部的指导、协调和监督下展开作业技术活动，对作业的质量、成本、工期和安全目标负责，从而使施工项目的劳动力优化配置和动态管理成为可能。

现阶段建筑劳动用工组织形式正逐步从零星化、松散型的个人承包制向有组织的劳务派遣和劳务企业形态发展，推行建筑业农民工劳务派遣制度，发展和壮大建筑劳务分包企业。这种成建制的劳务用工模式，不仅实现了农村劳动力向城镇建筑业跨地区的有序转移，而且有利于提高建筑劳务的整体素质、维护建筑市场秩序。

1.4.2　施工机械设备

施工机械、设备模具等是进行施工生产的重要手段，随着科学技术的发展，施工机械设备的种类、数量、型号越来越多，对提高建筑业施工现代化水平发挥着巨大的作用。特别是现代化的高层、超高层建筑及路道地铁、水坝等大型土木工程的施工，更离不开现代化的施工机械设备和装置。我国建筑企业的设备装备率呈逐年上升趋势，这也标志着我国建筑机械化的发展已经从手工操作、半机械化、部分工种工程机械化，逐步走上建筑工程综合机械化的过程，我国建筑业企业技术装备指标见表1-1。

我国建筑业企业技术装备指标　　　　　　　表 1-1

年份	自有施工机械设备年末总台数（台）	自有施工机械设备年末总功率（万 kW）	自有施工机械设备年末净值（万元）	技术装备率（元/人）	动力装备率（kW/人）
2015	9643725	26736.8	56619984	11116	5.2
2016	9579327	25365.3	56021121	10805	4.9
2017	10225555	25500.6	54818437	9914	4.6
2018	10923709	25757.7	62464586	11774	4.9
2019	9833258	25117.8	58450114	10770	4.6
2020	8466436	27321.8	52494828	9781	5.1

资料来源：国家统计局《中国统计年鉴》（2021）。

施工机械设备的选择是施工组织设计的一项重要工作内容，应根据工程项目的建筑结构形式、施工工艺和方法、现场施工条件、施工进度计划的要求进行综合分析做出决定。对于某一种施工机械设备的选择，其目标是技术上先进、适用、安全、可靠；经济上合理以及保养维护方便。其中，机械设备的性能参数满足工程的需要是前提：例如，高层建筑施工中起重机械的选择应从起重高度、回转半径、最大起重量等参数去分析能否满足施工的需要，在几种性能规格能满足要求的机械设备中，选定经济合理、使用和维护保养方便的机种。

大型工程所需要的施工机械设备、模具等种类及数量都很多。通常应结合具体工程的情况，根据施工经验和有关的定性、定量分析方法做出优化配置的选择方案：例如，大型基坑开挖时降低地下水设备的配置、挖土机与运土汽车的配置、主体工程钢模板配置的数量与周转使用顺序的设计等，都可以通过分析优化，使其在满足施工需要的前提下，配置的数量应尽可能少，以使协同配合效率尽可能最高。

1.4.3　建筑材料、构配件

建筑材料按其在施工生产中的地位和作用，可分为主要材料、辅助材料、燃料和周转性材料等。

（1）主要材料（包括原料）。构成产品主要实体的材料是主要材料，如建筑工程所消耗的砖、瓦、石料、水泥、木材、钢材等。

（2）辅助材料。不构成产品实体但在生产中被使用被消耗的材料是辅助材料，如混凝土工程中掺用早强剂、减水剂，管道工程的防腐用沥青等。

（3）燃料。燃料是一种特殊的辅助材料，产生直接供施工生产用的能量，不直接加入产品本身之内，如煤炭、汽油、柴油等。

（4）周转性材料。周转性材料是指不加入产品本身，而在产品的生产过程中周转使用的材料。它的作用和工具相似，故又称"工具性材料"。如建筑工程中使用的模板、脚手架和支撑物等。

由于建筑及土木工程消耗的材料构配件品种数量大，并且作为劳动对象，绝大部分直接构成工程的实体。因此，对工程的质量、成本、进度和工期都会产生重要的影响。

从施工组织的角度，不仅要根据工程的内容和施工进度计划编制各类材料、半成品、构配件、工程用品的需要量计划，为施工备料提供依据，而且还需要从管理角度，对材料构配件的采购、加工、供应、运输、验收、保管和使用等各个环节进行周密的考虑。尤其应从施工均衡性方面考虑各类材料构配件的均衡消耗，配合工程施工进度，及时组织材料构配件有序适量地分批进场，进而控制堆场或仓库面积，节约施工用地。

1.4.4 施工方法

施工方法不仅指施工过程中应用的生产工艺方法，还包括施工组织与管理方法、施工信息处理和协调方法等广泛的技术领域。随着我国一大批基础设施和教科文卫系统的场馆的建设，出现了大量具有国际先进水平的高难度施工工艺技术，同时也推动了许多组织、合作伙伴关系，精益建设供应链管理、可持续发展等组织管理理论和方法的应用。

由于建筑工程目标产品的多样性和单件性的生产特点，使施工生产方案具有很强的个性，如深基础、高耸建筑、大跨度建筑等。另外，同类建筑工程的施工又是按照一定的施工规律循序展开的。因此，通常需将工程分解成不同的部位和施工过程，分别拟订相应的施工方案来组织施工。这又使得施工方案具有技术和组织方法的共性，例如，高层建筑物的地基与基础工程和桥墩、桥台的地基与基础工程，因工程性质、施工条件的不同，其施工方案总体上说是各不相同的，带有明显的个性特征。但是从施工过程分析，它们都包含桩基工程、土方工程和钢筋混凝土工程等施工工艺，运用类似的施工技术和组织方法，又有其共性的一面。通过这种个性和共性的合理统一，形成特定的施工方案，是经济、安全、有效地进行工程施工的重要保证。

施工方案的主要内容包括确定合理的施工顺序和施工流向，主要分部分项工程的施工方法和施工机械以及工程施工的流水组织方法。对于同一个工程，因其施工方案不同，会产生不同的经济效果。因此，需同时设计多种施工方案进行择优，其依据是要进行技术经济比较，技术经济比较又分定性比较和定量比较两种。

1.4.5　施工环境

施工环境主要是指施工现场的自然环境、劳动作业环境及管理环境。由于建设工程是在事先选定的建设地区和场址进行建造，因此，施工期间将会受到所在区域气候条件和建设场地的水文地质情况的影响，受到施工场地和周边建筑物、构筑物、交通道路以及地下管道、电缆或其他埋设物和障碍物的影响。在施工开始前，制订施工方案时，必须对施工现场环境条件进行充分的调查分析，必要时还需做补充地质勘察，取得准确的资料和数据，以便正确地按照气象及水文地质条件，合理安排冬期及雨期的施工项目，规划防洪排涝、抗寒防冻、防暑降温等方面的有关技术组织措施，制订防止邻近建（构）筑物及道路和地下管道线路等沉降或位移的保护措施。

施工现场劳动作业环境，大到整个建设场地施工期间的使用规划安排，科学合理地做好施工总平面布置图的设计，使临时道路、给水排水及供热供气管道、供电通信线路、施工机械设备和装置、建筑材料制品的堆场和仓库、现场办公及生活或休息设施等的布置有条不紊，消除有害影响和相互干扰；小到每一个施工作业场所的料具堆放状况，通风照明及有害气体、粉尘的防备措施条件的落实等。

建筑工程在施工阶段还会对周围环境产生影响，如植被破坏及水土流失、对水环境的影响、施工噪声的影响、扬尘、各种车辆排放尾气、固体材料及悬浮物、施工人员的生活垃圾等。对施工现场主要环境因素的控制是文明施工的一个重要内容，也是企业实施ISO14001 环境管理体系和 SA8000 社会责任体系的一项重要任务。因此，在施工过程中要树立环境意识、审查环保设计，并制定环保措施，通过绿色施工，最终达到污染预防、达标排放和持续改进的目标。

另外，一个建设项目或一个单位工程的施工项目，通常由设计单位、施工承包商、材料设备供应商，以及政府监管部门、社区企业、周围居民等诸多利益相关者共同参与，相互间建立一个互助、双赢的和谐合作环境是项目顺利进行与企业良性发展的重要条件。每个单位的诚信建设是和谐合作环境的基础，同时还要建立和协调好外部关系，确定它们之间的管理关系或工作关系。将这种关系做到明确而顺畅，就是管理环境的重要问题。按照供应链管理的理论，充分运用合作伙伴关系原理，从分发包的选择和分包合同条件的协商中，注意管理责任和管理关系，包括协作配合管理关系的建立，以双赢或多赢为基础，为施工过程创造良好的组织条件和管理环境。

1.5　施工管理机构的组织

由于建筑及土木工程产品生产是多方主体共同参与的生产过程，因此，施工管理机构和人员从系统的角度看，涉及诸多方面，包括项目业主方的项目管理组织及其委托的工程监理单位的现场监理班子，设计方的现场代表，施工总承包及各分包方的现场项目管理组织，甚至某些大型复杂工程还包括政府主管部门派驻施工现场的专门质量监督机构等。这里着重介绍施工总承包商的现场施工项目管理组织机构。

1.5.1　施工项目经理

施工项目经理是企业法定代表人在承包的建设工程施工项目上的委托代理人。施工项目经理接受企业法定代表人的领导，接受企业管理层、发包人和监理机构的检查与监督；施工项目从开工到竣工，企业不得随意撤换项目经理；施工项目发生重大安全、质量事故或项目经理违法、违纪时，企业可撤换项目经理。施工项目经理应根据企业法定代表人授权的范围时间和内容，对开工项目自开工准备至竣工验收实施全过程、全面管理。

我国推行注册建造师执业制度。注册建造师，是指通过考核认定或考试合格取得中华人民共和国建造师资格证书，并经过注册取得中华人民共和国建造师注册证书和执业印章，担任施工单位项目负责人及从事相关活动的专业技术人员。按有关规定，注册建造师分为一级注册建造师和二级注册建造师，项目经理必须取得相应等级的建造师执业资格。一级注册建造师可担任大、中、小型工程规模的施工单位项目负责人，或在项目中担任施工单位其他关键工作岗位并以一级注册建造师的名义执业；二级注册建造师可以承担中、小型工程规模的施工单位项目负责人，或在项目中担任施工单位其他关键工作岗位并以二级注册建造师的名义执业。

施工项目经理应具备下列素质：

（1）具有开拓精神和对工作的积极性、热情敬业精神，勇于承担责任。

（2）有较强的组织领导能力，包括决策能力、组织指挥能力与控制能力，善于协调各方面的关系，有一定的灵活性和可靠性，易适应新环境，有合作意识。

（3）具有相应的施工项目管理经验和业绩。

（4）具有承担施工项目管理任务的专业技术、管理、经济和法律、法规知识。

（5）具有良好的道德品质。

1. 项目经理的主要职责

项目经理应履行下列主要职责：

（1）代表企业实施施工项目管理。贯彻执行国家法律、法规、方针、政策和强制性标准，执行企业的管理制度，维护企业的合法权益。

（2）履行"项目管理目标责任书"规定的任务。"项目管理目标责任书"应包括下列内容：企业各业务部门与项目经理部之间的关系；项目经理部使用作业队伍的方式；项目所需材料供应方式和机械设备供应方式；应达到项目进度目标、质量目标、安全目标和成本目标；在企业制度规定以外的由法定代表人向项目经理委托的事项；企业对项目经理部人员进行奖惩的依据、标准、办法及应承担的风险；项目经理解职和项目经理部解体的条件及方法等。

（3）按照企业对施工项目管理的指导方针和目标要求，负责指挥施工，主持施工项目经理部的各项管理工作。在管理责任和权限的范围内，正确履行工程施工合同，控制项目管理目标，为企业取得预期施工经营的经济效益和社会效益。

（4）科学组织施工生产要素的配置和管理。在企业授权的范围内，签订工程施工分包材料采购、机械设备租赁等施工所必要的经济合同并负责组织和监督这些合同的正确履行。

（5）负责与项目业主、监理工程师、设计代表、施工分包方现场负责人、供应商、政府建设行政及工程监督部门、地区社会有关方面等进行联络、沟通和协调。项目经理有责任在权限范围内直接组织处理有关工程的技术和经济管理事务，或将有关意见和信息及时反馈给企业的相关责任部门进行处理。

（6）组织施工项目经理部的组织结构设计和岗位设置、制订各项规章制度并监督检查其贯彻执行情况。做好项目管理人员的岗位责任分工，明确其工作职责和业务标准，运用激励机制和奖惩制度，调动下属人员的积极性及规范其管理行为，定期进行有关人事及工作绩效的考评。

（7）参与全面质量管理的 QC 小组活动，开展科技应用与创新，认真组织技术、管理方法等方面的经验总结，不断提高企业的技术和管理水平。

（8）按规定程序组织施工项目的质量检验评定和竣工验收，办理工程目的物及其施工技术档案和资料的移交。做好建（构）筑物及其设备的使用说明和注意事项的交底，落实工程质量保修的规定。配合业主及时完成工程备案，领取准用许可证，保证建设工程能安全合法地投入正常生产或使用。

2. 施工项目经理的权限

为了履行工程施工合同及实现企业对施工项目管理的预期目标，承包商在派出施工项目经理的时候，不仅要为其明确管理方针和目标要求，而且要给予相应的授权。授权的原则应该是以责定权，授权是为了尽责的需要，责和权均来自于企业，统一于施工项目管理过程，体现在项目的实施结果中。合理而明确的责权关系是形成施工项目管理组织运行机制所不可缺少的条件。

我国施工企业在推行施工项目管理及配套管理制度改革的实践中，对施工项目经理权限的确定，大致包括以下几个方面：

（1）在企业人事及生产经营相关职能部门的协同下，有权自主决定施工项目经理部的组织方案及项目管理人员的配备、使用、辞退以及调离。

（2）在符合国家有关法律法规、企业生产经营方针和规章制度要求的原则下，有权自主选择或决定施工分包、材料采购、机械租赁、项目资金运用等施工生产要素的配置和管理决策。

（3）在按规定程序审批的施工组织设计文件或施工项目管理实施方案的指导下，有权统一部署和指挥工程施工，主持施工例会和生产调度，检查施工质量、成本、工期和安全控制的状况并做出必要的处置决策。

（4）在企业财务制度允许的范围内，有权决定项目资金的使用计划；有权对项目经理部的管理人员按照绩效考评，确定其在施工项目管理期间的工资与资金的分配标准和办法。

1.5.2　施工项目经理部

承包商在施工现场建立的工程施工项目管理机构，在我国一般习惯称为施工项目经理部。施工项目经理部是由项目经理在企业的支持下组建并领导，进行项目管理的组织机构。在施工项目经理的直接组织和领导下，承担施工项目管理任务。从实行施工项目经理责任制的意义上说，施工项目经理部既是施工企业一次性派出的经营管理机构，也是施工项目经理的工作班子，承担履行施工项目经理责任目标的各项工作。

一般来说，大、中型施工项目，承包人必须在施工现场设立项目经理部，小型施工项目，可由企业法定代表人委托一个项目经理部兼管。施工项目经理部直属项目经理的领导，接受企业业务部门指导、监督、检查和考核。项目经理部在项目竣工验收、审计完成后解体。

1. 项目经理部的设立

一般可以在施工合同签订之后，工程开工之前，项目经理部的设立是承包商企业施工准备工作的一项重要内容。因工程建设采用招标投标、承包发包和合同约定的生产方式，因此，业主在招标时，通常要求了解和审查承包商的施工项目管理组织架构和人员的配备情况，以便判断他的管理经验和能力，确定是否能授予施工合同；另一方面，从投标的承包商角度，也希望施工项目经理等重要管理人员能够参与工程施工投标和施工合同评审及谈判的过程，以便全面而真实地掌握投标竞争情况、中标的原因，投标时本企业在技术和管理上已考虑了哪些措施，进一步在施工过程中挖掘降低工程成本的潜力，以及业主对工程施工的要求，施工合同条件的背景和过程等，以便更有针对性地深化施工组织设计和施工项目管理措施。

因此，我国目前较普遍的做法是，施工投标方在投标文件中说明施工项目经理部的组成方案，包括组织架构、施工项目经理人选及主要的技术与管理人员的配备名单。合同签订之后、开工之前再向业主报送施工项目经理部的正式组成名单，若与投标时组成的方案有较大变动，必须与业主充分协商沟通达成一致。

项目经理部应按下列步骤设立：

(1) 根据企业批准的"项目管理规划大纲"，确定项目经理部的管理任务和组织形式。

(2) 由项目经理根据"项目管理目标责任书"进行目标分解。

(3) 确定项目经理部的层次，设立职能部门与工作岗位。

(4) 确定人员、职责、权限。

(5) 组织有关人员制定规章制度和目标责任考核、奖惩制度。

2. 施工项目经理部的组织形式

施工项目经理部的组织形式应根据施工项目的规模、结构复杂程度、专业特点、人员素质和地域范围确定，并应符合下列要求：

(1) 大型项目。宜按矩阵式项目管理组织设置项目经理部，其结构形式呈矩阵状的组织，分别设置施工项目管理的职能业务部门以及子项系统的施工项目管理组（或分经理部），项目管理人员由企业有关职能部门派出并进行业务指导，受项目经理的直接领导。

(2) 中型施工项目。宜采用直线职能制组织，其结构形式呈直线状且设有职能部门的组织，每个部门只受一位直接领导人指挥。基本架构是在施工项目经理下设置若干职能业务部门，如经营核算、施工技术、质量安全、材料物资、计划统计等部门，分工承担着施工项目的管理业务。各职能业务部门中的岗位设置和人员配备，根据因事设岗、精干高效人员结构合理配置的原则确定。既要防止分工不清重复交叉、人浮于事的弊病，也要注意岗位疏漏、有事无人管的状态。某信息港工程项目经理部组织结构图，如图1-1所示。

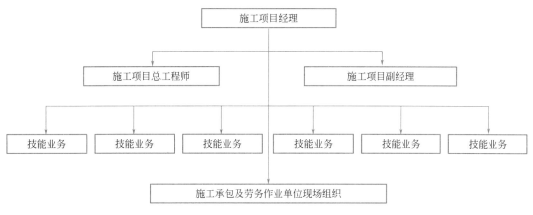

图 1-1 直线职能式项目经理部组织结构形式

（3）小型项目。宜按直线式项目管理组织设置项目经理部，在施工项目经理下直接配备必要的专业管理人员，如图 1-2 所示。

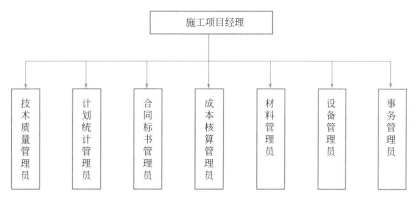

图 1-2 直线式项目经理部组织结构形式

3. 施工项目经理部的规章制度

组织设计的基本要素，包括组织结构、组织制度及其运行机制三个方面：（1）组织结构是根据任务目标及分工协作的需要来确定的；（2）组织制度是规范组织行为的保证；（3）运行机制是组织活力的表现，如果管理组织的制度和机制不健全，无论采用怎样的组织结构模式，都会影响组织能力的发挥。

施工项目经理部建立的时候，应在项目经理的组织领导下，建立和健全内部的各项管理制度，比如：

（1）施工项目经理责任制度。

（2）施工技术与质量管理制度。

（3）施工图纸与技术档案管理制度。

（4）施工计划、统计与进度报告制度。

（5）施工成本核算制度。

（6）施工材料物资与机械设备管理制度。

（7）文明施工、场容管理与安全生产制度。

（8）施工项目管理例会与组织协调制度。

（9）施工项目分包及劳务管理制度。

（10）施工项目公共关系与沟通管理制度等。

施工项目经理部的运行机制，最根本的是承包商企业应树立现代企业经营理念，逐步形成以发展战略管理为中心的企业经营决策层、以盈利策划为中心的企业经营管理层和以项目控制为中心的施工项目管理层的架构，做到企业内部层次功能清晰、系统健全，并且通过人事制度、分配制度等一系列配套改革，形成技术与管理人员面向施工项目、服务于施工项目的导向机制和激励机制。

1.6 施工组织的任务

建设工程项目从建设意图的提出，到工程建成竣工验收交付生产或使用，可以分为项目策划阶段和项目实施阶段。前者主要是进行项目的建设或发展策划，可行性研究、论证和决策，形成建设方案，制订筹资计划及土地征用计划，办理立项及有关的建设行政手续。后者是具体实施项目决策的意图，落实勘察设计任务的委托；招聘施工队伍，部署工程施工安装和管理活动；力求在规定的建设工期内完成质量符合建设标准和合同要求的工程目的物，并控制建设投资的预期目标。

从工程建设的全过程来看，施工组织的任务，贯穿于项目实施阶段并决定着项目建设的最终结果能否达到项目决策目标的要求。施工组织活动，是分层次、分时间过程、分参与建设活动的不同主体而展开的。承包商施工组织与管理的主要任务是编制施工管理规划大纲或施工组织设计，编制投标书并进行投标，签订施工合同，选定项目经理，项目经理接受企业法定代表人的委托组建项目经理部，企业法定代表人与项目经理签订"项目管理目标责任书"，进行项目开工前的准备，施工期间按施工管理实施规划进行管理，在项目竣工验收阶段进行竣工结算，清理各种债权债务，移交资料和工程，进行经济分析，编制项目管理总结报告，在保修期满前根据"工程质量保修书"的约定进行项目回访保修。

1.6.1 工程施工投标阶段的组织工作

在工程施工的投标阶段，参与竞标的承包商，必须根据业主的招标文件要求和所掌握的工程资料与施工条件，结合本企业的施工技术和管理的特点，编制施工组织设计文件或可用于指导编制详细施工组织设计文件的较为轮廓性、战略性的施工管理规划大纲，构成施工投标方的技术标书的主要部分。按照目前施工招标的评标方法，通常按技术标书和商务标书分别进行评价，然后再按一定的比例，结合投标人的资质状况和其他规定的相关条件进行综合评价，决定最终的中标人。因此，一份有竞争力的施工管理规划大纲或施工组织设计文件，对于承包商提高投标竞争能力起着举足轻重的作用，它既是该企业整体技术优势和管理水平的体现，也是商务标书的有力支撑。

1.6.2　工程开工前施工准备工作

承包商通过投标竞争，一旦获得中标承包权，在签订工程施工合同之后，必须根据合同条件规定的开工时间，及时进行开工前的各项施工准备工作。施工组织设计文件的编制，是施工准备的重要工作内容。经过审批的施工组织设计是指导开工前全面进行施工准备工作的重要依据。

施工准备工作是为了创造有利的施工条件，保证施工活动的顺利进行，同时，通过施工准备工作，进一步明确各项施工的技术特点、难点和目标要求，使相应的技术和管理措施更具针对性和有效性并能具体落实到位。施工准备工作要从总体到局部，贯穿于工程开工之前和工程施工安装活动的全过程。施工准备工作根据所涉及的工作范围、性质和完成的时间，通常可以分为建设项目前期的施工准备、单位工程开工前的施工准备、施工过程经常性的施工准备以及针对冬雨期施工特点所进行的冬雨期施工准备等。其主要内容如下：

（1）及时完成设计交底和图纸会审。为了能够按照设计图纸的要求顺利地进行施工，使从事建筑施工技术和经营管理的工程技术人员充分地了解和掌握设计图纸的设计意图、结构与构造特点和技术要求，并通过审查发现设计图纸中存在的问题和错误，使其在施工开始之前改正。一般由建设单位或监理单位主持，由设计单位和施工单位参加，三方进行设计图纸的会审。图纸会审时，首先由设计单位的工程设计负责人向与会者说明拟建工程的设计依据、意图和功能要求，并对特殊结构、新材料、新工艺和新技术提出设计要求；然后施工单位根据自审记录以及对设计意图的了解，提出对设计图纸的疑问和建议；最后在统一认识的基础上，对所探讨的问题逐一地做好记录，形成"图纸会审纪要"，由建设单位正式行文，参加单位共同会签、盖章，作为与设计文件同时使用的技术文件和指导施工的依据，以及建设单位与施工单位进行工程结算的依据。

（2）编制详细施工组织设计文件。承包商应根据施工合同界定的施工任务，在投标阶段编制的施工组织规划的基础上，结合所掌握的现实施工条件，包括合同条件、法规条件和现场条件，并根据本企业对该工程施工的管理方针和预期的目标，进一步深化技术、经济、管理和组织措施，形成可操作性的详细施工组织设计文件，用于指导现场的施工作业和管理活动。

（3）选派施工项目经理，组建项目经理部，并明确施工项目管理的指导方针和责任目标，包括工程质量、施工成本施工工期和施工安全目标。以便在施工项目经理责任制的条件下，发挥本企业技术和管理的整体优势，全面正确履行工程施工合同，以最经济合理的施工方案和有效的管理方法，确保在规定的工期内，完成质量符合规定标准的施工任务，并取得预期的施工经营效益。

（4）及时完成施工预算的编制。施工预算是根据施工图预算、施工图纸、施工组织设计或施工方案施工定额等文件进行编制的。施工预算是现场施工的计划成本或现场目标成本，它是根据施工图纸和施工方案的技术组织措施在分部分项工程人工、材料和机械使用费分析的基础上，结合本企业的施工管理水平和消耗标准（施工定额），参照现行市场价格计算的成本指标。它是承包商内部控制各项成本支出、考核用工、"两算"对比、签发施工任务单、限额领料、基层进行经济核算的依据。

（5）进行施工总分包及技术咨询服务等各类合同结构、合同管理及风险控制的策划，包括专业分包、劳务分包、材料构配件供应技术咨询、检验试验、观测测量等方面的分发包或委托。通过确立合同关系和明确相互责任权利，构建以施工项目经理部为核心，各方协调运作的现场目标管理及风险控制的施工管理综合系统。

（6）施工现场布置。承包商的施工项目经理部组建之后，应及时派往施工现场，着手组织施工现场的各项布置工作，以创造良好的开工条件，保证工程按合同规定的时间开工。施工现场布置主要包括：

1）及时完成工程定位和标高引测的基准点设立，并按规定的程序和要求做好相应的技术复核，以确保工程定位和各类标高引测、基准的正确性；

2）修筑现场施工临时通路和施工场区四周围墙及必要的防护安全隔离设施；

3）埋设并接通施工现场临时给水排水、排污、供气、供热等管道及渠沟系统；

4）设置变电站和高压电线、电缆等施工现场临时供电线路系统以及通信设施线路系统等；

5）准备和搭建施工现场材料物资堆场及仓库，划定施工模板、钢筋加工制作与清理等所需要的作业场所；

6）布置砂浆、混凝土搅拌机械以及起重和垂直运输机械；

7）修建现场办公、保安、门卫及生产生活所必需的各类临时建筑物和构筑物；

8）布置与现场施工有关的各种宣传标牌和警示标牌，如施工管理的组织机构图、施工现场平面布置图、工程形象进度图、安全生产宣传牌、危险区域或场点的警示牌及车辆、行人引路标志等，创建规划文明的施工现场管理环境。

1.6.3 施工过程中的生产控制与协调

通过施工组织设计文件的编制，施工项目不仅全面系统地确定了整个施工项目的作业和管理活动的部署，有针对性地提供施工方案、方法和手段，而且明确了施工总进度计划的安排和工程各重要节点施工进度计划的预期目标。也可以说施工组织设计在解决了施工的技术方法、手段和程序的基础上，对施工总进度目标提出了总体性、轮廓性、控制性的计划安排。

随之带来的问题是如何实施施工过程中的生产控制与调度。由于施工过程中主客观条件的变化是绝对的，不变是相对的。在施工进展过程中平衡是暂时的，不平衡则是永恒的，因此，必须随着施工环境和条件的变化进行目标的动态控制和调整。目标的动态控制是施工项目生产管理最基本的方法论。根据控制论的基本原理，控制有两种类型，即主动控制和被动控制。

1. 主动控制

主动控制就是预先分析目标偏离的可能性，并拟定和采取各项预防性的措施，以使计划目标得以实现。主动控制是一种面向未来的控制，它可以解决传统控制过程中的时滞影响，尽最大可能改变偏差已经成为事实的被动局面，从而使控制更为有效。主动控制是一种前馈控制。当控制者根据已掌握的可靠信息预测出系统的输出将要偏离计划目标时，就制定纠正措施并向系统输入，以便使系统的运行不发生偏离。主动控制又是一种事前控制，它在偏差发生之前就必须采取控制措施。

2. 被动控制

被动控制是指当按计划运行时，管理人员对计划值的实施进行跟踪，将系统输出的信息进行加工和整理，再传递给控制部门，使控制人员从中发现问题，找出偏差，寻求并确定解决问题和纠正偏差的方案，然后再回送给计划实施系统付诸实施，使得计划目标一出现偏离就能得以纠正。被动控制是一种反馈控制。

施工总体计划的实施和贯彻，还必须通过现场施工月、旬（周）、日的施工作业计划来具体落实，采用"统筹安排，滚动实施"的方式推进施工作业活动的展开，并将施工总目标的控制建立在月、旬（周）、日作业目标有效控制的基础上。因此，加强施工作业计划的管理及其相应的各项组织协调工作，是施工组织与管理的一项经常性工作。

承包商的施工项目经理部，每月末必须进行施工形象进度（施工进展的部位及其已完实物工程量）及成本执行情况的统计分析，检查当月施工进度计划和成本预算的执行情况。然后，将当月的未完成施工跨度转列入下月作业计划，并根据总进度计划滚动实施的要求和总目标控制的需要，列出下月计划的施工内容，通过现场施工例会，在总分包之间进行协调平衡，制订下月的施工作业计划并进行计划交底，明确目标和措施，付诸贯彻实施。

1.6.4 施工物资采购组织与调度

工程施工所需要的各种建筑材料、半成品结构件、工程用品、施工机具设备、模板脚手架等技术物资数量大，品种多，占用的建设资金多，对工程施工的质量、成本、工期和安全的影响大。因此，按施工进度的要求，保质、保量均衡地组织这些技术物资的供应和消耗，是科学地组织施工的一项重要任务。可以想象，如果全部技术物资要在工程开工前全部备齐并运进施工现场，这将会发生什么状况。

首先，是建设资金的使用不尽合理，大量资金积压在所采购的技术物资上，增加资金的利息支出或减少储备资金的增值机会；其次，是增大了施工现场材料设备的堆场和仓库设施规模，也不利于节省施工用地，甚至还会造成大量技术物资的场内二次搬运，提高施工成本；第三，增加了材料物资管理的强度和复杂性。

要做好材料设备等施工技术物资的组织与管理工作，必须加强其计划管理、采购管理、质量管理，合理确定材料的储备量、供应方式、供应计划和质量保证措施，合理确定机械设备的进场和退场时间，提高其在场期间的完好率、工作效率和利用率。

施工材料、构配件、工程用品及施工机械模具等技术物资的采购、供应和使用计划，应根据施工总进度计划及其按季分月滚动实施的作业计划进行编制和落实。

综上所述施工组织基本任务是以施工项目管理目标控制为指导，以施工组织设计和计划管理为手段，在施工投标竞争招揽工程、施工前期准备工作和施工作业管理全过程中，全面、全过程地做好相应的施工组织与管理工作，以保证工程施工的顺利进行并达到预期目标。

思考及练习 🔍

1. 编制施工组织设计的基本原则包括哪些？

2. 施工组织设计的编制包括哪些步骤？

3. 施工进度图的形式有哪些？

Chapter 02

教学单元2
建筑工程施工准备工作

教学目标

1. 知识目标：

了解施工准备工作的意义及分类，掌握施工准备工作的要求及内容。

2. 能力目标：

具备能根据工作要求独立完成施工准备工作的分类及内容、各项资源准备、施工方案概述、施工技术管理的组织与制度。

3. 素质目标：

在教学过程中体现课程科学素养与人文素养，使专业课承载正确的职业观、成才观，使学生养成正确人生观、价值观。

思维导图

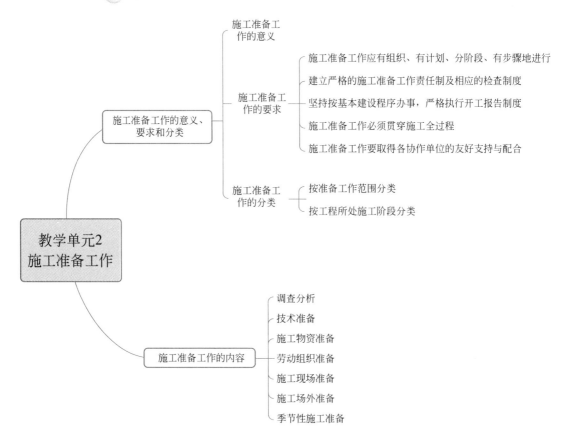

2.1 施工准备工作的意义、要求和分类

2.1.1 施工准备工作的意义

施工准备工作是为拟建工程的施工创造必要的技术、物质条件，统筹安排施工力量和部署施工现场，确保顺利开工和工程施工的顺利进行，是建筑业企业生产经营管理的重要组成部分。

现代建筑施工是一项复杂的生产活动，它不仅要消耗大量的材料，使用多种施工机械，还要组织大量的施工人员，处理各种技术问题，协调各种协作关系，涉及面广，情况复杂。施工准备工作是施工企业搞好目标管理、推行技术经济承包的重要前提条件，同时还是土建施工和设备安装顺利进行的根本保证。因此，认真地做好施工准备工作，对于发挥企业优势、合理供应能源、加快施工速度、提高工程质量、降低工程成本、增加经济效益和提高企业现代化管理水平都具有重要意义。

实践证明，凡是重视和做好施工准备工作，能事先细致地为施工创造一切必要的条件，确保工程能顺利完成。反之，凡是违背施工程序，不重视施工准备工作，工程仓促开工，又不做好施工开始以后各施工阶段的准备工作就会给该工程带来严重损失，其后果不堪设想。因此，严格遵守施工程序，按照客观规律组织施工做好各项施工准备工作，是施工顺利进行的根本保证。

2.1.2　施工准备工作的要求

1. 施工准备工作应有组织、有计划、分阶段、有步骤地进行

（1）建立施工准备工作的组织机构，明确相应的管理人员。

（2）编制施工准备工作计划表，保证施工准备工作按计划落实。

（3）将施工准备工作按工程的具体情况划分为开工前、地基基础工程、主体工程、屋面与装饰工程等时间区段，分期分阶段、有步骤地进行。

2. 建立严格的施工准备工作责任制及相应的检查制度

由于施工准备工作项目多、范围广，因此必须建立严格的责任制，按计划将责任落实到有关部门及个人，明确各级技术负责人在施工准备中应负的责任，使各级技术负责人认真做好施工准备工作。在施工准备工作的实施过程中，应定期进行检查，可按周、半月、月度进行检查，主要检查施工准备工作计划的执行情况。如果没有完成计划的要求，应进行分析，排除障碍，协调施工准备工作进度或调整施工准备工作计划。检查的方法可采用实际与计划对比法，或采用相关单位、人员责任制，检查施工准备工作情况，当场分析产生问题的原因，提出解决问题的方法。后一种方法解决问题及时，见效快，现场常采用。

3. 坚持按基本建设程序办事，严格执行开工报告制度

当施工准备工作情况达到开工条件要求时，应向监理工程师报送工程开工报审表及开工报告等有关资料，由总监理工程师签发并报建设单位后，在规定的时间内开工。

4. 施工准备工作必须贯穿施工全过程

施工准备工作不仅要在开工前集中进行，而且工程开工后，也要及时全面地做好各项施工阶段的准备工作，施工准备工作贯穿整个施工过程。

5. 施工准备工作要取得各协作单位的友好支持与配合

由于施工准备工作涉及面广，因此，除了需要施工单位自身努力做好外，还要取得建设单位、监理单位、设计单位、供应单位、银行、行政主管部门和交通运输等单位的协作，以缩短施工准备工作的时间，争取早日开工。

2.1.3　施工准备工作的分类

1. 按准备工作范围分类

（1）全场性施工准备

它是以一个建设项目为对象而进行的各项施工准备，其目的和内容都是为全场性施工服务的，它不仅要为全场性的施工活动创造有利条件，而且要兼顾单项（单位）工程施工条件的准备。

（2）单项（单位）工程施工条件准备

它是以一个建筑物或构筑物为对象而进行的施工准备，其目的和内容都是为该单项（单位）工程服务的，它既要为单项（单位）工程做好开工前的一切准备，又要为其分部、分项工程施工进行作业条件的准备。

（3）分部、分项工程作业条件准备

它是以一个分部、分项工程或冬、雨期施工工程为对象而进行的作业条件准备。

2. 按工程所处施工阶段分类

（1）开工前的施工准备工作

它是在拟建工程正式开工前所进行的一切施工准备，其目的是为工程正式开工创造必要的施工条件。它既包括全场性的施工准备，又包括单项（单位）工程施工条件的准备。

（2）开工后的施工准备工作

它是在拟建工程开工后，每个施工阶段正式开始之前所进行的施工准备。如砖混结构住宅的施工，通常分为地下工程、主体结构工程和装饰工程等施工阶段，每个阶段的施工内容不同，其所需物资技术条件、组织要求和现场布置等方面也不同。因此，必须做好相应的施工准备。

2.2 施工准备工作的内容

施工准备工作的内容

建设项目由于本身的规模和复杂程度不同，工程需要以及所具备的建设条件也不同。因此，施工准备工作的内容应根据具体工程的需要和条件，按照施工项目的规划来确定，一般包括原始资料的调查分析、技术准备、施工物资准备、劳动组织准备、施工现场准备、施工场外准备和季节性施工准备等。

2.2.1 调查分析

原始资料是工程设计及施工组织设计的重要依据之一。原始资料的调查主要是对工程条件、工程环境特点和施工条件等施工技术与组织的基础资料进行调查，以此作为施工准备工作的依据。原始资料调查工作应有计划、有目的地进行，且事先要拟订明确、详细的调查提纲。原始资料调查的主要目的是查明工程环境特点和施工的自然、技术经济条件，为选择合理的施工技术与建立有效的施工组织方案收集基础资料，并以此作为确定准备工作项目的依据。为获得预期效果、提高效率和质量，必须采取正确的调查方法和调查程序。调查内容包括以下几个方面：

1. 调查与工程项目特征和要求有关的资料

建筑施工的调查研究与收集资料

（1）根据可行性研究报告或设计任务书、工程地址选择、扩大初步设计等方面的资料，了解建设目的、任务和设计意图。

（2）弄清设计规模、工程特点。

（3）了解生产工艺流程、工艺设备特点、来源、供应时间及分批和全部到货时间。

（4）摸清对工程分期、分批施工、配套交付使用的顺序要求，以及图纸交付时间及工程施工的质量要求和技术难点等。

2. 调查建设地区的自然条件

（1）气象条件

1）气温

要收集年平均温度最高最低温度，最冷、最热月份的平均温度；结冰期、解冻期温度；冬，夏季室外计算温度；小于或等于－5℃、0℃、5℃的天数及起止时间等资料。目的是更好地采取防暑降温冬期施工的措施，估计混凝土砂浆强度增长情况，了解全年正常施工天数。

2）雨（雪）

收集雨季起止时间月平均降水（雪）量、一日最大降水（雪）量及雷暴时间、全年雷暴天数等，目的是为安排雨期施工措施，确定工地排防防洪方案，为防洪工作提供依据。

3）风

收集主导风向及顺率（风玫瑰图）、每年大于或等于 8 级风的天数等资料，为布置临时设施，采取高空作业及吊装措施提供依据。

（2）工程地形、地质与环境条件工程位置图、控制桩、水准点等

收集工程所在区域的地形图、工程建设地区的城市规划图、上下管线分布情况等，掌握障碍物状况，摸清建筑红线、施工边界、地上地下工程计划施工用地布置施工总平面图；计算现场土方量，制订清除障碍物的实施计划。调查包括施工区域现有建筑物、构筑物、沟渠、水井、树木、土堆、电力架空线路、地下沟道、人防工程、上下水管道、埋地电缆、煤气及天然气管道、地下杂填土、坑和枯井等情况。这些资料要通过实地勘探，并向建设单位、设计单位等调查获得，可作为布置现场施工平面的依据。

在城镇居民密集区施工时，要详细调查施工现场周围道路、房屋、居民活动和交通情况，因为在这种环境的施工现场般较狭窄，环境状况将对机械布置、材料构件的运输与堆放，甚至于对施工方法和进度安排产生不同程度的影响或限制。

（3）地质条件

收集钻孔布置图、地质剖面图、各层土类别及厚度、土的物理力学指标（如天然含水率、孔隙比、塑性指标、渗透系数及地基土强度等）、地质稳定性、最大冻结深度、地下各种障碍物、坑井等资料，以便研究土方施工方法、地基处理方法、基础施工方法及地下障碍物拆除和问题土处理方法。

（4）工程水文地质条件

① 地下水：了解施工区域的最高、最低水位及时间；水的流向、流速及流量；水质分析，抽水试验等情况，以确定基础施工方案是否降低地下水位，防止侵蚀性介质的措施。

② 地面水：了解附近江河湖泊与施工地点的距离，洪水、平水、枯水期的水位流量及航道深度，水质分析，最大、最小冻结深度及冻结时间，以确定临时供水方案、运输方式、水工工程施工方案及施工防洪措施。

（5）地震级别

了解工程建设地区的地震等级、地震烈度。

3. 调查建设地区的技术经济条件

技术经济调查的目的是查明建设地区地方工业、资源、交通运输、动力资源、生活福利设施等地区经济因素，获取建设地区技术经济条件资料，以便在施工组织中尽可能利用地方资源为工程建设服务，同时也可作为选择施工方法和确定费用的依据。

（1）地方建材生产企业情况，主要包括钢筋混凝土构件、商品混凝土、钢结构、门窗及水泥等制品的加工条件。

（2）地方资源情况，如砖、砂、石灰等的价格和供应情况。

（3）钢材、水泥、木材、特殊材料、装饰材料的价格和供应调查。

（4）交通运输条件。交通运输方式一般有铁路、公路、水路、航空等。交通运输资料可向当地铁路、交通运输和民航等管理局的业务部门进行调查。收集交通运输资料是调查主要材料及构件运输通道的主要方式，包括途经道路、桥梁的宽度、高度、允许载重量和转弯半径限制等。超大型构件或超大型机械需整体运输时，还要调查沿途高空电线、天桥的高度。

（5）机械设备供应情况，包括建筑机械供应与维修，运输服务，脚手架、定型模板等大型工具租赁所能提供的服务项目和数量。

（6）水、电、气供应条件。城市自来水干管的供水能力、水质情况，接管距离、地点和接管条件；采用临时取水与供水系统时，要调查附近地面水体或地下水源的水质，排水的去向、距离、坡度等；可供施工使用的电源位置、引入路径和条件、可满足的容量和电压；通信条件；冬期施工时，附近蒸汽的供应量、价格、接管条件等。

（7）参加施工的各单位能力及社会劳动力状态调查。

（8）环境保护与防治公害的标准。

4. 调查施工现场情况

调查施工现场情况包括施工用地范围、是否有周转场地、现场地形、可利用的建筑及设施、附近建筑的情况等。

5. 引进项目调查

对引进项目应调查进口设备、零件、配件、材料的供货合同，有关条款、到货情况、质量标准以及相应的配合要求。

2.2.2　技术准备

技术资料
准备工作

技术准备工作是施工准备工作的核心，是现场施工准备工作的基础，它为施工生产提供各种指导性文件，主要内容有：

1. 熟悉与审查设计图纸及其他技术资料

熟悉与审查设计图纸是项目施工前的一项重要的准备工作，是为了能够在工程开工之前，使从事建筑施工技术和管理的工程技术人员充分了解和掌握设计图纸的设计意图、结构与构造特点和技术要求。通过审查，发现图纸中存在的问题和错误并予以改正。在施工开始之前，为拟建工程的施工提供一份准确、齐全的设计施工图纸，从而保证能按设计图纸的要求顺利生产、施工出符合设计要求的建筑产品。

熟悉与审查设计图纸时应注意以下几个方面：

（1）设计图纸是否符合国家有关规范、技术规范及技术政策的要求。

（2）核对设计图纸及说明书是否完整、明确，设计图纸与说明等其他各组成部分之间有无矛盾和错误。

（3）核对建筑图与其结构图在主要轴线、几何尺寸、坐标、标高、说明等方面是否一致，有无错误，技术要求是否正确。

（4）总图的建筑坐标位置与单位工程建筑平面图是否一致。

（5）基础设计与实际地质是否相符，建筑物与地下构造物及管线之间有无矛盾，建筑、结构、设备施工图中基础留口、留洞的位置和标高是否相符。

（6）建筑构造与结构构造之间、结构的各种构件之间，以及各种构件、配件之间的联系是否清楚。

（7）了解主体结构各层砖、砂浆、混凝土的强度标号有无变化。从基础到主体、屋面的各种构造做法，装饰与结构施工的关系，防水、防火、保温隔热、高级装饰等特殊要求的技术要点均要了解。

（8）建筑安装与建筑施工的配合上存在哪些技术问题，能否合理解决。

（9）设计中所选用的各种材料、配件、构件等，在组织采购时，其品种、规格、性能、质量、数量等能否满足设计规定的需要。

（10）对设计资料提出合理化建议并指出所存在的问题。通过熟悉图纸、自审图纸，对发现的问题做好标记和记录，在图纸会审时提出，经建设、设计、施工单位充分协商形成图纸会审纪要，参加会审单位盖章，作为设计图纸的修改文件。在施工过程中，若提出一般问题，则可由设计单位同意，办理设计变更联络单进行修改；较大问题则需要建设、设计、施工单位三方协商，由设计单位修改，向施工单位签发设计变更联络单，方能生效。

2. 学习、熟悉技术规范、规程和有关规定

技术规范、规程是国家制定的建设法规，在技术管理上具有法律效力。各级工程技术人员平时就应认真学习、掌握这些规范知识，在接受施工任务后，一定要结合具体工程再进一步学习，并根据相关规范、规程制定施工技术和组织方案，为保证优质、安全、按时完成工程任务打下坚实的基础。

建筑施工中常用的技术规范、规程主要有：

（1）建筑工程施工及验收规范。

（2）建筑安装工程质量检验评定标准。

（3）施工操作规程。

（4）设备维护及维修规程。

（5）安全技术规程。

（6）上级技术部门颁发的其他技术规范和规定等。

3. 编制施工图预算和施工预算

（1）编制施工图预算

编制施工图预算是在拟建工程开工前的施工准备工作时期编制的，主要是确定建筑工程造价和主要物资需要量，施工图预算一经审查，就成为签订工程承包合同、进行企业经济核算以及编制施工计划和银行拨贷款的依据。

（2）编制施工预算

施工预算是施工企业在签订工程承包合同后，以施工图预算为基础，结合企业和工程实际，根据施工方案、施工定额等确定的，它是企业内部经济核算和班组承包的依据，是施工企业内部使用的一种预算。

4. 签订工程承包合同

建筑安装施工企业在承建工程项目、落实施工任务时，均必须同建设单位签订"建筑安装工程承包合同"，明确各自的技术经济责任，合同一经签订，即具有法律效力，建筑承包合同除以上工程承包合同外，还有勘察合同、设计合同等多方面的经济承包合同。

5. 编制施工组织设计

施工组织设计，是指导施工现场全部生产活动的技术经济文件。它既是施工准备工作的重要组成部分，也是做好其他施工准备工作的依据。它既要体现建设计划和设计的要求，又要符合施工活动的客观规律，对施工项目的全过程起到战略部署和战术安排的作用。由于建筑工程种类繁多，施工方法也多变，因此每个建筑工程项目都需分别编制施工组织设计以组织和指导施工。

2.2.3 施工物资准备

施工物资准备，是指施工中必需的劳动手段（施工机械、机具等）和劳动对象（材料、构配件等）的准备。此项工作要根据各种物资需要量计划，分别落实货源、组织运输和安排储备，以保证连续施工的需要。主要内容如下。

1. 建筑材料准备

首先根据预算的材料分析，按施工进度计划的要求套用材料储备定额和消耗定额，分别按材料名称、规格、使用时间进行汇总，编制出材料需要量计划，同时根据不同材料的供应情况，随时注意市场行情，及时组织货源，签订供货合同，保证采购供应计划的准确可靠。对于特殊材料，特别是市场供应量小、要从外地采购的，一定要及早提出供货计划，掌握货源和价格，保证按时供应。国外进口材料须按规定使用外汇和办理国外订货的审批手续，再通过外贸部门谈判、签约。

紧接着的工作就是材料的运输和储备，为保证材料的合理动态配置，材料应按工程进度要求分期分批地进行储运；进场后的材料要严格保管，以保证材料的原有数量和原有的使用价值；现场材料应按施工平面布置图放置，并按照材料的物理、化学性质，合理堆放，避免材料混用、变质、损坏而造成浪费。

2. 各种预制构件和配件的加工准备

构、配件包括各种钢筋混凝土构件、木构件、金属构件、水泥制品、洁具等，这些构、配件要在图纸会审后立即提出预制加工单，确定加工方案、供应渠道及进场后的储存地点和方式。现场预制的大型构件应做好场地规划与底座施工，并提前加工预制。

3. 施工机具准备

根据采用的施工方案和施工进度计划，确定施工机具的类型、数量和进场时间；确定施工机具的供应方法和进场后的存放地点和方式；提出施工机具需要量计划，以便企业内平衡或向外签约租赁机械。

4. 周转材料准备

周转材料主要指模板和架设工具，此类材料在施工现场使用量大，堆放场地面积大、规格多，对堆放场地的要求较高，应分规模、型号整齐、合理堆放，以便使用及维修、所谓合理堆放，是指按这些周转材料的特点进行堆放，如各种钢模板要防雨以免锈蚀，大模板要立放并防止倾倒。

2.2.4　劳动组织准备

1. 组建项目管理的领导班子

项目管理的领导班子组建的原则：根据工程规模、结构特点和复杂程度选择项目经理，再由项目经理按择优聘任、双向选择的原则组建项目管理的领导班子，聘任各级各项业务的技术管理人员，选配各工种专业施工队长。组建时要坚持合理分工和密切协作相结合，因事设职、因职选人，将富有经验、工作效率高、有创新意识的人选入项目管理的领导班子。

2. 建立精干的施工队伍并组织劳动力进场

施工队伍的建立要认真考虑专业工种的合理配合，技工和普工的比例要满足劳动组织要求，确定建立混合施工队伍或专业施工队伍及其数量，组建施工队伍要坚持合理、精干原则，同时制订出该工程的劳动力需要量计划，根据开工日期和劳动力需要量计划，组织劳动力进场，并根据工程实际进度需求，动态增减劳动力数量。需要外部施工力量的，可通过签订承包合同或劳务合同联合其他建筑队伍共同完成施工任务。

3. 专业施工队伍的确定

大中型工业项目或公用工程，内部的机电、生产设备一般需要专业施工队伍或生产厂家进行安装和调试，某些分项工程也可能需要机械化施工队伍来承担，这些需要外部施工队伍来承担的工作需在施工准备工作中以签订承包合同的形式落实具体的施工队伍。

4. 施工队伍的教育

施工前，企业要对施工队伍进行劳动纪律、施工质量和安全的教育。平时企业还应抓好职工、技术人员的培训和技术更新工作，不断提高职工、技术人员的业务技术水平。此外，对于采用新工艺、新结构、新材料、新技术的工程，应将有关管理人员和操作人员组织起来培训，使其达到标准后再上岗操作。

5. 向施工队伍进行施工组织和技术交底

进行施工组织和技术交底就是把拟建工程的设计内容、施工计划和施工技术要求等，详尽地向施工队伍讲解说明。此项工作在单位工程或分部、分项工程开工前进行。

交底内容有：工程施工进度计划、月（旬）作业计划；施工组织设计，尤其是施工工艺、质量标准、安全技术措施、降低成本措施和施工验收规范的要求；新结构、新材料、新技术和新工艺的实施方案和保证措施；图纸会审中所确定的有关部位的设计变更和技术核定等事项。交底工作按项目管理系统自上而下逐级进行。交底方式有书面、口头、现场示范等形式。

6. 职工生产后勤保障准备

对职工的衣、食、住、行、医疗、文化生活等后勤供应和保障工作，必须在施工队伍集结前做好充分的准备。

2.2.5 施工现场准备

施工现场的准备工作是给拟建工程的施工创造有利的施工条件和物资保证，是保证工程按计划开工和顺利进行的重要环节。因此，必须认真落实好施工现场的准备工作，它一般包括清除障碍物、"三通一平"、施工测量、搭设临时设施等内容。

1. 清除障碍物

清除障碍物一般由建设单位完成，但有时也委托施工单位完成。清除时，一定要了解现场实际情况，当原有建筑情况复杂、原始资料不全时，应采取相应的保障措施，防止发生事故。

对于原有电力、通信、给水排水、煤气、供热网、树木等设施的拆除和清理，要与有关部门联系，并办好手续后方可进行，此种工作一般由专业公司来处理。房屋只有在水、电、气被切断后，才能进行拆除。

2. "三通一平"

"三通一平"，是指在工程用地范围内水通、电通、路通和场地平整。

（1）水通

水是施工现场的生产、生活和消防不可缺少的。拟建工程开工之前，必须按照施工平面图的要求，接通施工用水和生活用水的管线，尽可能与永久性的给水系统结合，临时管线的敷设既要满足施工用水的需要量，又要施工方便，管线敷设尽量短，以降低工程的成本。

施工现场的排水也十分重要，特别在雨期，如场地排水不畅，会影响到施工和运输的顺利进行。高层建筑的基坑深、面积大，施工往往要经过雨季，故应做好基坑周围的挡土支护工作，防止坑外雨水向坑内汇流，并做好基坑底部雨水的排放工作。

（2）电通

电是施工现场的主要动力来源，施工现场中的电包括施工生产用电和生活用电。由于建筑工程施工供电面积大，启动电流大，负荷变化多和手持式用电机具多，因此施工现场临时用电要考虑安全和节能措施。开工前，要按照施工组织设计的要求，接通电力和电信设施，确保施工现场动力设备和通信设备的正常运行。电源首先应考虑从建设单位给定的电源上获得，如其供电能力不能满足施工生产用电需要，则应考虑在现场建立自备发电系统。

（3）路通

道路是组织物资运输的动脉。拟建工程开工之前，应按照施工平面图的要求，修好施工现场永久性道路和临时性道路，形成完整的运输网络。尽可能利用原有道路，也可以先修永久性道路的路基或在路基上铺简易路面，待施工完毕后，再铺永久性路面。

3. 施工测量

按设计单位提供的总平面及给定的永久性经纬坐标控制网和水准控制基桩，进行场区施工测量，设置场区永久性经纬坐标，水准控制基桩和建立场区工程测量控制网。建筑控制网是确定整个工程平面位置的关键环节，施工测量中必须保证精度，杜绝错误，否则出现问题难以处理。

4. 搭设临时设施

对指定的施工用地边界，用围栏围挡起来，围挡的形式和材料应符合市容管理的有关规定和要求。在主要入口处设置标牌，标明工程名称、施工单位，工地负责人等信息。各种生产、生活临时设施应按批准的施工组织设计规定的数量、标准、面积、位置等要求组织修建。在考虑搭设施工现场临时设施时，应尽量利用原有建筑，尽可能减少临时设施数量。

5. 施工现场的补充勘探

对施工现场的补充勘探是为了进一步寻找枯井、防空洞、古墓、地下管道、暗沟和枯树根等，以便及时拟订处理方案并实施，以清除隐患，并保证基础工程施工的顺利进行。

6. 组织施工机具进场、组装和保养

根据施工总平面图，将施工机具安置在规定的地点或仓库。对于固定的机具要进行就位、搭棚、组装、接电源、保养和调试等工作。对所有施工机具都必须在开工之前进行检查和试运转。

7. 建筑材料、构（配）件的现场储存和堆放

按照建筑材料，构（配）件的需要量计划组织进场，根据施工总平面图规定的地点和方式进行储存和堆放。

8. 新技术项目的试制和试验

对施工中的新技术项目，按有关规定和资料，认真进行试制和试验，为正式施工积累经验和培训人才。

2.2.6　施工场外准备

1. 分包工作

施工单位本身力量所限，有些专业工程的施工、安装和运输等均需委托外单位。因此，必须在施工准备工作中，按了解的情况选择好分包单位，并按工程量、完成日期、工程质量和工程造价等内容，与分包单位签订分包合同，使其保质保量地按时完成。

2. 外购物资的加工和订货

建筑材料，构配件和建筑制品大部分需外购，工艺设备则需全部外购。因此，施工准备工作中应及时与供应单位签订供货合同，并督促其按时供货。

3. 建立施工外部环境

施工是在固定地点进行的，必然要与当地有关部门和单位发生联系，应服从当地政府部门的管理。因此，应积极主动与相关部门和单位联系，办好有关手续。特别是当具备施工条件后要及时填写开工申请报告，上报主管部门批准，为正常施工创造良好的外部环境。

2.2.7　季节性施工准备

建筑工程施工绝大部分工作是露天作业，受气候影响比较大。因此，在雨期、冬期及

夏期施工中，必须从具体条件出发，正确选择施工方法，做好季节性施工准备工作，以保证按期、保质、安全地完成施工任务，取得较好的技术经济效果。

1. 冬期施工作业准备

（1）合理安排冬期施工项目和进度。对于冬期施工措施费用增加不大的项目，如吊装、打桩工程等可列入冬期施工范围；而对于冬期施工措施费用增加较大的项目，如土方，基础，防水工程等，尽量安排在冬期之前进行。凡进行冬期施工的工程项目，必须复核施工图纸是否能适应冬期施工要求，如墙体的高厚比、横墙间距等有关的结构稳定性，现浇是否改为预制以及工程结构能否在冷状态下安全过冬等问题，应通过图纸会审解决。

（2）进行冬期施工的工程项目，在入冬前应编制冬期施工方案。根据冬期施工规程，结合工程实际及施工经验等进行，尽可能缩短工期。方案确定后，要组织有关人员学习，并向施工队伍进行交底。

（3）重视冬期施工对临时设施布置的特殊要求。施工临时给水排水管网应采取防冻措施，尽量设在冰冻线以下，外露的管网应用保暖材料包扎，避免受冻；注意道路的清理，防止积雪阻塞交通，保证运输畅通。

（4）及早做好物资的供应和储备。及早准备好混凝土促凝剂等特殊施工材料和保温材料以及锅炉、蒸汽管、劳保防寒用品等。

（5）加强冬期防火保温，及时检查消防器材和装备的性能。

（6）冬期施工时，要采取防滑措施，防止煤气中毒，防止漏电触电。

2. 雨期施工作业准备

在多雨地区，认真做好雨期施工准备，对于提高施工的连续性、均衡性，增加全年施工天数具有重要作用。

（1）首先在施工进度安排上，注意晴雨结合。晴天多进行室外工作，为雨天创造工作面，避免雨期窝工造成损失，不宜在雨天施工的项目应安排在雨期之前或之后进行。

（2）加强施工管理，做好雨期施工的安全教育。要认真编制雨期施工技术措施（如雨期前、后的沉降观测措施，保证防水层雨期施工质量的措施，保证混凝土配合比、浇筑质量的措施，钢筋除锈的措施等），认真组织贯彻实施。加强对职工的安全教育，防止各种事故发生。

（3）做好施工现场排水防洪准备工作。经常疏通排水管沟，防止堵塞。准备好抽水设备，防止场地积水和地沟、基槽、地下室等浸水对工程施工造成损失。

（4）注意道路防滑措施，保证施工现场内外的交通顺畅。

（5）加强施工物资的保管，注意防水和控制工程质量。要准备必要的防雨器材，库房四周要有排水沟渠，防止物资淋雨浸水而变质，仓库要做好地面防潮和屋面防漏的工作。

思考及练习

1. 试述施工准备工作的意义。

2. 试述施工准备工作的要求。

3. 试述施工准备工作的分类。

4. 施工准备工作的内容是什么？

Chapter 03

教学单元 3

建筑工程流水施工

教学目标

1. 知识目标：

了解建筑工程流水施工的基本概念，依次施工、平行施工、流水施工的组织方式和特点，流水施工的表示方法；熟悉流水施工的工艺参数、空间参数和时间参数；掌握等节奏流水施工、成倍节拍流水施工和分别流水施工的组织方式。

2. 能力目标：

能确定施工过程数、施工段数、流水步距，计算流水节拍、流水作业总工期及绘制流水作业施工横道图。

3. 素质目标：

培养遵纪守法、精益求精、淡泊名利、执着专注的工匠精神。

思维导图

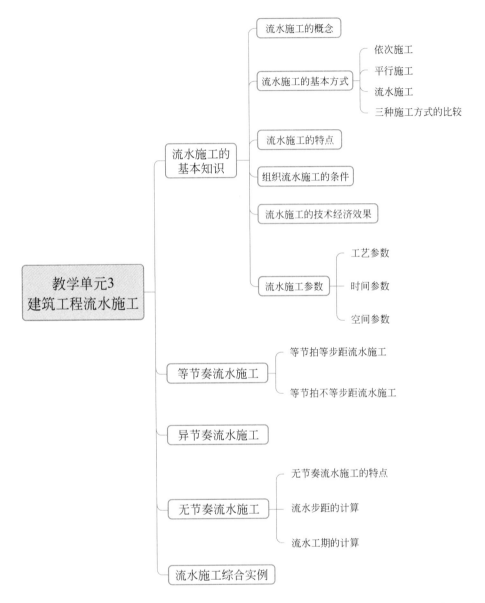

流水施工是一种科学的施工组织方法。它源于工业生产中的"流水线"，但两者又有所区别。在工业生产中，原料、配件或工业品在生产线上流动，工人和生产设备的位置保持相对固定；而在建筑产品生产过程中，工人和生产机具在建筑的空间上进行移动，建筑产品的位置是固定不动的。

经过长期的生产实践，流水施工已经发展成为一种十分有效的施工组织方式，建筑施工中的流水作业方式极大地提高了建筑业劳动生产效率，缩短了工期，节约了施工费用，是一种科学的施工组织方式。

3.1　流水施工的基本知识

3.1.1　流水施工的概念

流水施工方法是组织施工的一种科学方法。它来源于工业生产中的"流水作业"，但两者又有所区别。工业生产中，原料、配件或工业产品在生产线上流动，工人与生产设备的位置保持相对固定；而建筑产品生产过程中，工人与生产机具在建筑物的空间中进行移动，而建筑产品的位置是固定不动的。

3.1.2　组织施工的基本方式

建筑工程施工中常用的组织方式有三种：依次施工、平行施工和流水施工，通过对这三种施工组织方式的比较，可以更清楚地看到流水施工的科学性所在。例如，有三栋相同类型建筑的基础工程施工，每一栋的基础工程施工有开挖基槽、混凝土垫层、砌砖基础、回填土四个施工过程，每个施工过程的工作时间计划见表 3-1。

施工组织方式

某基础工程施工时间计划　　　　　　　　　　表 3-1

序号	施工过程	工作时间(d)
1	开挖基槽	2
2	混凝土垫层	3
3	砌砖基础	2
4	回填土	3

1. 依次施工

依次施工又称为顺序施工，是按照建筑工程内部各分项、分部工程内在的联系和必须遵循的施工顺序，不考虑后续施工过程在时间上和空间上的相互搭接而依照顺序组织施工的方式。依次施工往往是前一个施工过程完成后，下一个施工过程才开始，一个工程全部完成后，另一个工程的施工才开始。其施工进度安排如图 3-1 所示。

依次施工的特点：同时投入的劳动力、资源较少，组织简单，材料供应单一，但劳动生产率低，工期长，难以在短期内提供较多产品，不能适应大型工程的施工。

2. 平行施工

平行施工是将一个工作范围内的相同施工过程同时组织施工，完成以后再同时进行下一个施工过程的施工组织方式。其施工进度安排如图 3-2 所示。

平行施工的特点：它最大限度的利用了工作面，工期最短，但在同一时间内需要提供的相同劳动力、资源成倍增加，这给实际施工管理带来一定的难度，施工现场管理成本随

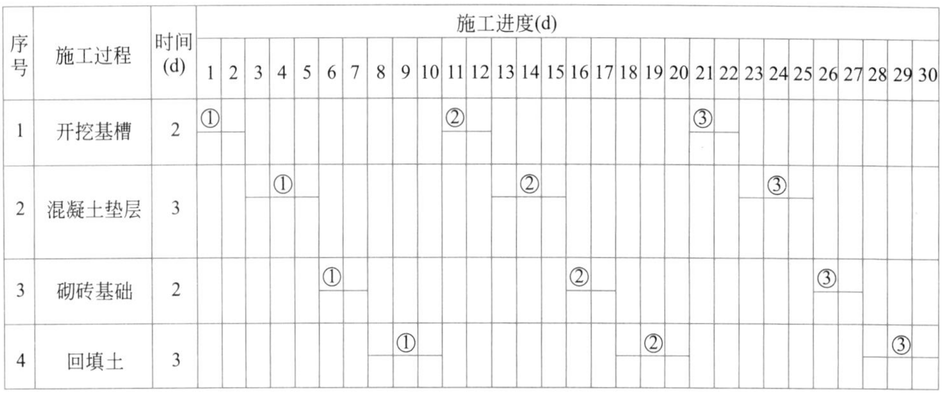

图 3-1　某基础工程依次施工进度安排

注：图中的①、②、③为楼栋数

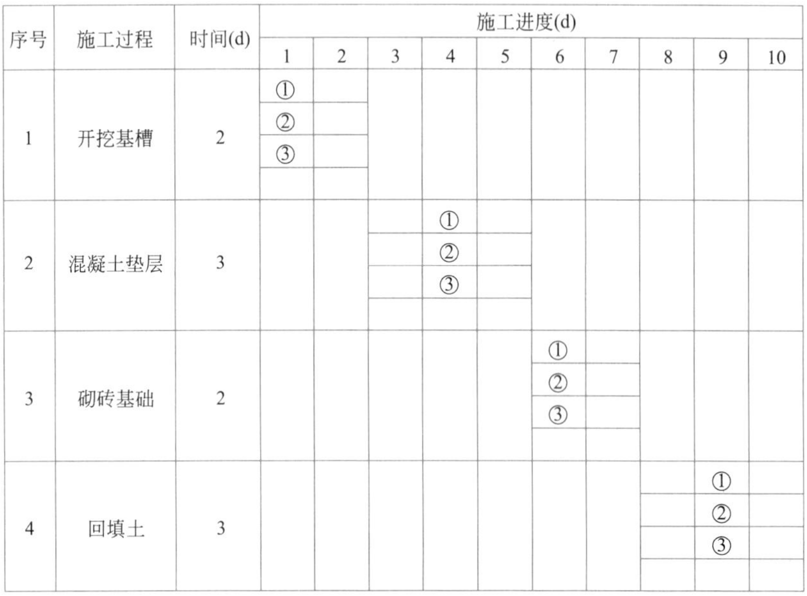

图 3-2　某基础工程平行施工进度安排

注：图中的①、②、③为楼栋数

之增加。因此，在工程规模较大或工期较紧的情况下采用较为合理。

3. 流水施工

流水施工是把若干个同类型建筑或一栋建筑在平面上划分成若干个施工区段（施工段），组织若干个在施工工艺上有密切联系的专业班组相继进行施工，依次在各施工区段上重复完成相同的工作内容，不同的专业队伍利用不同的工作面尽量平行搭接施工的施工组织方式，其施工进度安排如图 3-3 所示。

4. 三种施工方式的比较

由上面分析可知，依次施工、平行施工和流水施工是组织施工的三种基本方式，其特点及适用的范围不尽相同，三者的比较见表 3-2。

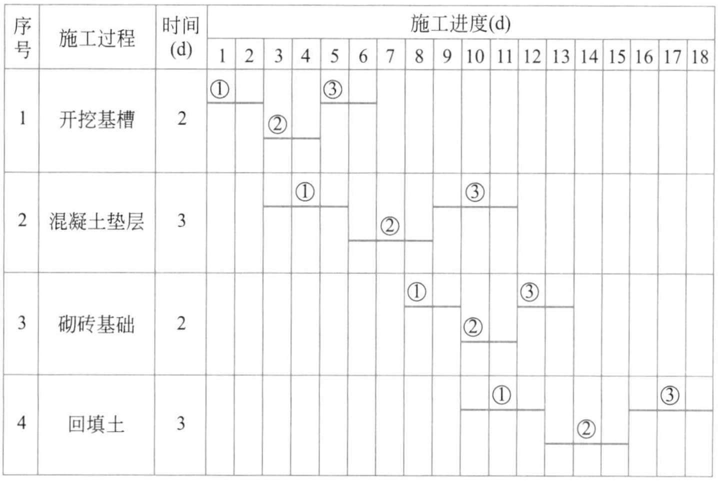

序号	施工过程	时间 (d)	施工进度(d)
			1 2 3 4 5 6 7 8 9 10 11 12 13 14 15 16 17 18
1	开挖基槽	2	① ② ③
2	混凝土垫层	3	① ② ③
3	砌砖基础	2	① ② ③
4	回填土	3	① ② ③

图 3-3　某基础工程流水施工进度安排

注：图中的①、②、③为楼栋数

三种施工方式的比较 表 3-2

方式	工期	资源投入	评价	适用范围
依次施工	最长	投入强度低	劳动力投入少,资源投入不集中,有利于组织工作。现场管理工作相对简单,可能会产生窝工现象	适用规模较小,工作面有限的工程
平行施工	最短	投入强度最大	资源投入集中,现场组织管理复杂不能实现专业化生产	工程工期紧迫,有充分的资源保障及工作面允许情况下可采用
流水施工	较短,介于顺序施工与平行施工之间	投入强度连续均匀	结合了依次施工与平行施工的优点,作业队伍连续、充分利用工作面,是较理想的组织施工方式	一般项目均可适用

由表 3-2 可以看出，流水施工综合了依次施工和平行施工的优点，是建筑施工中最合理、最科学的一种施工组织方式。

3.1.3　流水施工的特点

建筑流水施工有如下主要特点：

（1）生产工人和设备从一个施工段转移到另一个施工段，代替了建筑产品的流动。

（2）建筑流水施工既沿建筑物的水平方向流动，又沿建筑物的垂直方向流动。

（3）在同一施工段上，各施工过程保持了顺序施工的特点，不同施工过程在不同的施工段上又最大限度地保持了平行施工的特点。

（4）同一施工过程保持了连续施工的特点，不同施工过程在同一施工段上尽可能保持连续。

（5）单位时间内生产资源的供应和消耗基本均衡。

3.1.4　组织流水施工的条件

流水施工的实质是分工协作与批量生产。在社会化大生产的条件下，分工已经形成。由于建筑产品体型庞大，通过划分施工段可将单件产品变成假想的多件产品。组织流水施工的条件主要有以下几点：

（1）划分施工段。根据组织流水施工的需要，将拟建工程在平面或空间上，划分为工程量大致相等的若干个施工段，也称为流水段。

（2）划分施工过程。根据工程特点、施工要求及施工工艺，将拟建的整个建造过程分解为若干个施工过程。建筑工程的施工过程一般为分部工程或分项工程，有时也可以是单位工程。

（3）每个施工过程组织独立的施工专业队（施工班组）。每个施工过程尽可能组织独立的施工专业队或施工班组，配备必要的施工机具，按施工工艺的先后顺序，依次、连续、均衡地从一个施工段转移到下一个施工段，完成本施工过程相同的施工操作任务。

（4）安排主要施工过程必须连续、均衡。主要施工过程，是指工程量较大、施工持续时间较长的施工过程。对主要施工过程，必须组织连续、均衡施工；对其他次要的施工过程，可考虑与相邻的施工过程合并，如不能合并，为缩短工期，可安排合理间歇施工。

（5）相邻的施工过程尽可能组织平行搭接施工。相邻的施工过程之间除了必要的技术间歇和组织间歇时间之外，应最大限度地安排在不同的施工段上平行搭接施工，以缩短工期。

3.1.5　流水施工的技术经济效果

流水施工的连续性和均衡性方便了各种生产资源的组织，使施工企业的生产能力可以得到充分的发挥，劳动力、机械设备可以得到合理的安排和使用，进而提高了生产的经济效益，具体可归纳为以下几点：

（1）便于施工中的组织与管理。由于流水施工具有均衡性，因此避免了施工期间劳动力和其他资源使用过分集中，有利于资源的组织。

（2）施工工期比较理想。由于流水施工具有连续性，保证了各专业队伍连续施工，减少了间歇，充分利用了工作面，缩短工期。

（3）有利于提高劳动生产率。由于流水施工实现了专业化的生产，为工人提高技术水平、改进操作方法以及革新生产工具创造了有利条件，因而改善了工作的劳动条件，促进了劳动生产率的不断提高。

（4）有利于提高工程质量。专业化的施工提高了工人的专业技术水平和熟练程度，为推行全面质量管理创造了条件，有利于保证和提高工程质量。

（5）有效降低工程成本。由于工期缩短劳动生产率提高、资源供应均衡，各专业施工队连续均衡作业，减少了临时设施数量，从而节约了人工费、机械使用费、材料费和施工管理费等相关费用，有效降低了工程成本。

3.1.6 流水施工的分类

流水施工的分类是组织流水施工的基础，其分类方法是按不同的流水特征进行划分的。

1. 按流水施工组织范围划分

根据组织流水施工的工程对象的范围大小，流水施工可以划分为分项工程流水施工、分部工程流水施工、单位工程流水施工、群体工程流水施工以及分别流水施工。其中，最重要的是分部工程流水施工，又称专业流水，它是组织流水施工的基本方法。单位工程或群体工程的流水施工常采用分别流水法，它是组织单位工程或群体工程流水施工的重要方法。

（1）分项工程流水施工。分项工程流水施工又叫施工过程流水或细部流水。它是在一个专业施工队伍内部组织起来的流水施工。在施工进度计划表上，它是一条标有施工段或施工队编号的水平或斜向进度指示线段。它是组织流水施工的基本单元。

（2）分部工程流水施工。分部工程流水施工又称专业流水。它是在一个分部工程内部各分项工程之间组织起来的流水施工。在施工进度计划表上，它是一组标有施工段或施工队伍编号的水平或斜向进度指示线段。它是组织流水施工的基本方法。

（3）单位工程流水施工。单位工程流水施工是在一个单位工程内部组织起来的流水施工。它一般由若干个分部工程流水组成。

（4）群体工程流水施工。群体工程流水施工是在单位工程之间组织起来的流水施工，一般首先是针对其分部工程来组织专业大流水。

（5）分别流水施工。分别流水施工是指将若干个分别组织的分部工程流水（专业流水或专业大流水），按照施工工艺的顺序和要求最大限度地搭接起来，组成一个单位工程或群体工程的流水施工。

在实际工程中，分别流水法是在单位工程或群体工程流水施工的重要方法。

2. 按流水施工节奏特征划分（针对专业流水或专业大流水）

根据流水施工的节奏特征，流水施工（主要指专业流水或专业大流水）可以划分为有节奏流水和无节奏流水，其中有节奏流水又可分为等节奏流水和异节奏流水。

3.1.7 流水施工参数

在组织工程流水施工时，用以表达流水施工在工艺流程、空间布置和时间安排等方面的状态参数，称为流水施工参数。流水施工参数主要包括工艺参数、时间参数和空间参数三类。

1. 工艺参数

在组织流水施工时，用来表达流水施工在施工工艺上的开展顺序及其特征的参数均称为工艺参数，它包括施工过程（数）和流水强度。

（1）施工过程

施工过程分类：

根据工艺性质不同，可以分为制备类、运输类和砌筑安装类施工过程。

1）制备类施工过程。制备类施工过程即制造建筑制品和半成品而进行的施工过程，如砂浆制备、混凝土制备、钢筋成型等。它一般不占用施工对象空间，也不影响总工期，通常不列入施工进度计划。只有在它占有施工对象空间并影响总工期时，才被列入施工进度计划。

2）运输类施工过程。运输类施工过程即把建筑材料、构配件、设备和制品等运送到工地仓库或施工现场等使用地点而形成的施工过程，它一般不占用施工对象空间，也不影响总工期，通常不列入施工进度计划，只有在它占有施工对象空间并影响总工期时，才被列入施工进度计划。如结构安装工程中的构件运输等。

3）砌筑安装类施工过程。砌筑安装类施工过程，指在施工对象空间上直接进行加工而形成建筑产品的施工过程，如基础工程、主体工程、屋面工程、装饰工程等，它占有施工对象空间，并影响工期。因此，必须列入施工进度计划。

（2）施工过程数（n）

施工过程数，是指一组流水的施工过程个数，以符号 n 表示，在建筑工程施工中，施工过程的内容和范围可大可小，既可以是分部工程、分项工程，又可以是单位工程或单项工程，施工过程划分的数目多少、精细程度一般与下列因素有关：

1）与施工进度计划的性质和作用有关

施工组织总设计中的控制性的施工总进度计划，其施工过程应划分得粗些、综合性大些，一般只列出分部工程名称，如基础工程、主体结构工程、吊装工程、装饰工程、屋面工程等。单位工程施工组织设计及分部、分项工程施工组织设计中的实施性的施工进度计划，其施工过程应划分得细些、具体些。将分部工程再分解为若干个分项工程，如将基础工程分解为挖土、浇筑混凝土基础、回填土等，但其中某些分项工程仍由多工种来实现，对于其中起主导作用的分项工程，往往需要考虑按专业工种组织专业施工队进行施工，为了便于掌握施工进度和指导施工，可以将分项工程再进一步分解成若干个由专业工种施工的工序作为施工过程。一幢建筑的施工过程数一般可以分为 20～30 个，工业建筑往往划分得更多一些。

2）与建筑的复杂程度、施工方案有关

不同的施工方案，其施工顺序和方法也不相同，如框架主体结构采用的模板不同，其施工过程划分的数目就不相同。

3）与劳动组织及劳动量大小有关

施工过程的划分与施工班组及施工习惯有关。如安装玻璃、油漆施工可合也可分，因为有的是混合工种的班组，有的是单一工种的班组。施工班组的划分还与劳动量有关。劳动量小的施工过程，当组织流水施工有困难时，可与其他施工过程合并。如垫层施工劳动量较小时可与挖土合并为一个施工过程，这样可以使各个施工过程的劳动量大致相等，便于组织流水施工。

（3）流水强度（V）

流水强度，是指组织流水施工时，每一个施工过程在单位时间内完成的工程量，也称为流水能力或生产能力，一般用 V 表示。它一般是指每一个工作班内完成的工程量，分为如下两种流水强度：

1）机械操作流水强度：

$$V = \sum_{i=1}^{x} R_i S_i \tag{3-1}$$

式中，V——机械操作流水强度；

　　R_i——第 i 种施工机械的台数；

　　S_i——第 i 种施工机械的定额台班生产率，即机械产量定额；

　　x——用于同一施工过程的主导施工机械种数。

2）人工操作流水强度：

$$V_i = R_i S_i \tag{3-2}$$

式中，V_i——某施工过程 i 的人工操作流水强度；

　　R_i——投入施工过程 i 的专业施工队工人数；

　　S_i——投入施工过程 i 的专业施工队平均产量定额。

2. 时间参数

时间参数，是指在组织流水施工时，用以表达流水施工在时间排列上所处状态的参数，它主要包括流水节拍、流水步距、间歇时间、搭接时间和流水工期。

（1）流水节拍（t）

在组织流水施工时，每个专业施工队在各施工段上完成相应施工任务所需要的工作持续时间，称为流水节拍，一般用符号 t 表示。

流水节拍的大小反映出流水施工速度的快慢、节奏感的强弱和资源消耗量的多少，流水节拍也是区分流水施工组织方式的特征参数，影响流水节拍数值大小的主要因素有：每个施工段上工程量的多少，流水施工采用的施工方案，每个施工段上投入的工人数、机械台数、材料量以及每天的工作班数和各种机械台班或产量的大小。

确定各施工过程的流水节拍时，应先确定主要的、工程量大的施工过程的流水节拍，再确定其他施工过程的流水节拍，通常有三种方法确定流水节拍。

1）定额计算法

计算公式如下：

$$t_i = \frac{Q_i}{S_i R_i N_i} = \frac{P_i}{R_i N_i} \tag{3-3}$$

$$t_i = \frac{Q_i H_i}{R_i N_i} = \frac{P_i}{R_i N_i} \tag{3-4}$$

式中，t_i——流水节拍；

　　Q_i——施工过程在一个施工段上的工程量；

　　S_i——完成该施工过程的产量定额；

　　R_i——投入该施工过程的专业施工队工人数或施工机械台班；

　　N_i——每天工作班次；

　　H_i——该施工过程的人工或机械时间定额；

　　P_i——该施工过程在一个施工段上的劳动量：

$$P_i = \frac{Q_i}{S_i} \text{ 或 } P_i = Q_i H_i \tag{3-5}$$

流水节拍应取半天的整数倍，这样便于施工队伍安排工作，工作队在转换工作地点时，正好是上、下班时间，不必占用生产操作时间。

【例3-1】某土方工程施工，工程量为330.28m³，划分为3个施工段，采用人工开挖，每段的工程量相等，每班工人数为12人，工作班制为一班制，已知时间定额为0.55工日/m³，试求该土方施工的流水节拍。

【解】由 $t_i = \dfrac{Q_i H_i}{R_i N_i}$ 得：

$$t = \frac{(330.28 \div 3) \times 0.55}{12 \times 1} \approx 5 (\text{d})$$

所以，该土方施工的流水节拍为5d。

2）经验估算法

经验估算法也称为三时估算法，是根据过去的施工经验对流水节拍进行的估算，此法适用于无定额依据的采用新工艺、新材料、新结构的工程，计算公式如下：

$$t_i = \frac{a + 4c + b}{6} \tag{3-6}$$

式中，t_i——某施工过程在第 i 施工段上的流水节拍；

a——某施工过程在某施工段上的估算最短施工持续时间；

b——某施工过程在某施工段上的估算最长施工持续时间；

c——某施工过程在某施工段上的估算正常施工持续时间。

3）工期估算法

工期估算法也称为倒排进度法，此法是按已定工期要求，决定流水节拍的大小，再相应求出所需的资源量。具体步骤如下：

首先，根据工期按经验估算出各分部工程的施工时间；其次，根据各分部工程估算出的时间确定各施工过程所需的时间；最后，按公式（3-3）或公式（3-4）求出各施工过程所需的人数或机械台数，需要注意的是，确定的施工队（班组）工人数或机械台数，既要满足最小劳动组合人数的要求（这是人数的最低限度），又要满足最小工作面的要求（它决定了可以安排工人数的最高限度），不能为了缩短工期而无限制地增加人数，否则由于工作面不足会降低生产率，且容易发生安全事故。在工期紧、节拍小、工作面不够时，可增加工作班次，采用两班或三班工作制。

（2）流水步距（K）

流水步距，是指相邻两个施工过程或专业施工队（班组）在一施工段相继开始施工的间隔时间，流水步距不含技术间歇、组织间歇、搭接时间，一般用符号 K 表示。例如，第 i 个施工过程和第（$i+1$）个施工过程之间的流水步距用 $K_{i,i+1}$ 表示。流水步距的数目应比施工过程数少1，施工过程数为 n 个，则流水步距数应为（$n-1$）个。

流水步距的大小对工期的影响很大。在施工段不变的情况下，流水步距小即平行搭接多，则工期短；反之，则工期长。流水步距应与流水节拍保持一定的关系，一般至少应为一个工作班或半个工作班的时间。

流水步距应根据施工工艺、流水形式和施工条件来确定，在确定流水步距时应尽量满足以下要求：

1）始终保持两施工过程间的顺序施工，即在一个施工段上，前一施工过程完成后，下一施工过程方能开始。

2）所有作业班组在各施工段上尽量保持连续施工。

3）前、后两个施工过程的施工作业应能最大限度地组织平行施工。

（3）间歇时间（t_j）

在组织流水施工中，相邻施工过程之间除了要考虑流水步距外，有时还需要考虑合理的间歇时间，一般用 t_j 表示，如混凝土的养护时间、钢筋隐蔽验收所需的时间等，间歇时间的存在会使工期延长，但又是不可避免的。

1）技术间歇时间（t_j^j）

技术间歇时间，是指在流水施工中，除了考虑两相邻施工过程间的正常流水步距外，有时应根据施工工艺的要求考虑工艺间合理的间歇时间。例如，在柱子混凝土浇筑结束后，必须进行一定时间的养护，才能进行梁、板混凝土工程的施工；水磨石地面必须在石渣灰达到一定强度后才能开磨。

2）组织间歇时间（t_j^z）

组织间歇时间，是指在流水施工中，由于考虑施工组织的要求，两相邻的施工过程在规定的流水步距以外增加必要的时间间隔，以便施工人员对前一施工过程进行检查验收，并为后续施工过程做必要的技术准备工作。例如，基槽挖好后，必须由建设单位、监理人员、质量监督部门和施工单位等共同进行基槽验收，只有验收合格后才能进行下一道工序，这种工程验收或安全检查是不可避免的施工等待时间。

在组织流水施工时，技术间歇和组织间歇可以统一考虑，但是二者的概念、作用是不同的。

3）层间间歇时间（t_j^c）

当施工对象在垂直方向划分施工层时，同一施工段上前一层的最后一个施工过程和后一层的第一个施工过程之间的间歇时间，称为层间间歇时间。

（4）搭接时间（t_d）

搭接时间，是指在工艺允许的情况下，后续施工过程在规定的流水步距内提前进入某施工段进行施工的时间。搭接时间一般用 t_d 表示。一般情况下，相邻两个施工过程的专业施工队在同一施工段上的关系是前后衔接关系，即前者全部结束之后，后者才能开始。但有时为了缩短工期，在工作面和工艺允许的前提下，当前一施工过程在某一施工段上已经完成一部分，并为后续施工过程创造了必要的工作面时，后续施工过程可以提前进入同一施工段，两者在同一施工段上平行搭接施工，平行搭接的持续时间就是两个专业施工队之间的搭接时间。

（5）流水工期（T）

流水工期，是指在流水施工中，从第一个施工过程的作业班组在第一个施工段开始施工到最后一个施工过程的作业班组完成最后一个施工段所需的全部时间。

3. 空间参数

在组织流水施工时，用来表达流水施工在空间布置上所处状态的参数，称为空间参数，它包括工作面、施工段和施工层。

（1）工作面

工作面，是指施工对象上满足工人或施工机械进行正常施工操作的空间的大小。工作面是随着施工的进展而产生的，既有横向的工作面，也有纵向的工作面，通常前一个施工过程会为下一个施工过程创造工作面。

工作面大小根据专业工种的计划产量定额和安全施工技术规程确定，反映了工人操作、机械运转在空间布置上的具体要求，根据施工过程的不同，工作面可以用不同的计量单位；在基槽挖土施工中，可按延长米计量工作面；在墙面抹灰施工中，可按平方米计量工作面。

在施工作业时，无论是人工还是机械都需有一个最佳的工作面，才能发挥其最佳效率，所以工作面确定的是否合理将直接影响施工工人的生产效率和施工安全，施工段上的工作面必须大于施工队伍的最小工作面（施工队或班组为保证安全生产和充分发挥劳动效率所必需的工作面）。主要工种最小工作面的参考数据见表 3-3。

主要工种最小工作面参考数据表 表 3-3

工作项目	工作面	说明
砖基础	7.6m/人	以 1.5 砖厚计，2 砖厚乘以 0.8，3 砖厚乘以 0.55
砌砖墙	8.5m/人	以 1.5 砖厚计，2 砖厚乘以 0.71，3 砖厚乘以 0.57
砌毛石墙基	3m/人	以 600mm 厚计
砌毛石墙	3.3m/人	以 400mm 厚计
浇筑混凝土柱、墙基础	8m³/人	机拌、机捣
浇筑混凝土设备基础	7m³/人	机拌、机捣
现浇钢筋混凝土柱	2.45m³/人	机拌、机捣
现浇钢筋混凝土梁	3.2m³/人	机拌、机捣
现浇钢筋混凝土墙	5m³/人	机拌、机捣
现浇钢筋混凝土楼板	5.3m³/人	机拌、机捣
预制钢筋混凝土柱	3.6m³/人	机拌、机捣
预制钢筋混凝土梁	3.6m³/人	机拌、机捣
预制钢筋混凝土屋架	2.7m³/人	机拌、机捣
预制钢筋混凝土平板、空心板	1.91m³/人	机拌、机捣
预制钢筋混凝土大型屋面板	2.62m³/人	机拌、机捣
浇筑混凝土地坪及面层	40m²/人	机拌、机捣
外墙抹灰	16m²/人	—
内墙抹灰	18.5m²/人	—
做卷材屋面	18.5m²/人	—
做防水水泥砂浆屋面	16m²/人	—
门窗安装	11m²/人	—

（2）施工段

施工段，是指将施工对象人为地在平面上划分为若干个工程量大致相等的施工区段，以便不同专业施工队在不同的施工段上流水施工，互不干扰。在流水施工中，用 m 来表示施工段数，施工段也称流水段。

划分施工段是为组织流水施工提供必要的空间条件，其作用在于某一施工过程能集中施工力量，迅速完成一个施工段上的工作内容，及早空出工作面为下一施工过程提前施工创造条件，从而保证不同的施工过程能同时在不同的工作面上进行施工，若施工段的划分数目过多，则工作面不能得到充分利用，每一操作工人的有效工作范围缩小，使生产率降低；若施工段的划分数过少，则会延长工期，无法有效保证各专业施工队连续地进行施工，因此，施工段数量的多少将直接影响流水施工的效果。

合理划分施工段一般应遵循以下原则：

1）各施工段的劳动量基本相等，以保证流水施工的连续性、均衡性和节奏性，各施工段劳动量相差不宜超过 10%。

2）施工段的分界线应尽可能与结构界限（伸缩缝、沉降缝和建筑单元等）相吻合，或者设在对结构整体性影响较小的部位，以保证拟建工程结构的整体性。

3）划分施工段时应主要以主导施工过程的需要来划分。

4）保证施工队有足够的工作面，且施工队应符合最小劳动组合的要求。

施工段划分得多，在不减少施工队工人数的情况下可以缩短工期，但必须保证每个施工段上的工作面不小于施工队所需的最小工作面。否则，一旦达不到最小工作面的要求，容易发生安全事故，降低生产率，反而不能缩短工期。

同时，施工队要满足最小劳动组合的要求，所谓最小劳动组合，是指某一施工过程进行正常施工所必需的最低限度的工人数及其合理组合。如砖墙砌筑施工，包括砂浆搅拌、材料运输、砌砖等多项工作，一般人数不宜少于 18 人，如果人数太少，则无法组织正常的施工，技工、普工的比例也以 2∶1 为宜，这就是砌筑砖墙施工队（班组）的最小劳动组合。

5）当分层组织流水施工时，一定要注意施工段数与施工过程数（或专业施工队数）的关系对流水施工的影响。一般要求，每一层的施工段数 m 必须大于或等于其施工过程数 n 或专业施工队总数 $\sum b$，即：$m \geqslant n$ 或 $m \geqslant \sum b$。

下面结合实例分三种情况进行分析讨论。

【例 3-2】某 2 层的框架结构建筑工程，其钢筋混凝土工程由支设模板、绑扎钢筋和浇筑混凝土 3 个施工过程组成，分别由 3 个专业施工队进行施工，流水节拍均为 2d。

第一种：当施工段数小于施工过程数，各施工过程划分为 2 个施工段，即 $m=2$，$n=3$，$m<n$。

其流水施工进度安排如图 3-4 所示。

从图 3-4 可以看出，支设模板的专业施工队不能在第一层模板施工结束后，即第 5d 立刻进入第二层的第一施工段进行施工，必须要间歇一天，以等待第一层第一施工段的混凝土浇筑，从而造成窝工现象。同样，另外两个专业施工队也都要窝工。但各施工段上都有工作队在连续施工，工作面没有出现空闲，工作面利用比较充分。

第二种：当施工段数等于施工过程数，各施工过程划分为 3 个施工段，即 $m=3$，$n=3$，$m=n$。

施工层	施工过程	施工进度(d)						
		2	4	6	8	10	12	14
第一层	支设模板	①	②					
	绑扎钢筋		①	②				
	浇筑混凝土			①	②			
第二层	支设模板				①	②		
	绑扎钢筋					①	②	
	浇筑混凝土						①	②

图 3-4　$m<n$ 的流水施工进度安排

其流水施工进度安排如图 3-5 所示。

施工层	施工过程	施工进度(d)							
		2	4	6	8	10	12	14	16
第一层	支设模板	①	②	③					
	绑扎钢筋		①	②	③				
	浇筑混凝土			①	②	③			
第二层	支设模板				①	②	③		
	绑扎钢筋					①	②	③	
	浇筑混凝土						①	②	③

图 3-5　$m=n$ 的流水施工进度安排

从图 3-5 可以看出，各专业施工队在第一层施工结束后，都能立刻进入下一施工层进行施工，不会出现窝工现象。同时，各施工段上都有工作队在连续施工，工作面没有出现空闲，工作面利用比较充分。

第三种：施工段数大于施工过程数。各施工过程划分为 4 个施工段，即 $m=4$，$n=3$，$m>n$。

其流水施工进度安排如图 3-6 所示。

施工层	施工过程	施工进度(d)									
		2	4	6	8	10	12	14	16	18	20
第一层	支设模板	①②		③④							
	绑扎钢筋		①②		③④						
	浇筑混凝土			①②		③④					
第二层	支设模板					①②		③④			
	绑扎钢筋						①②		③④		
	浇筑混凝土							①②		③④	

图 3-6　$m>n$ 的流水施工进度安排

从图 3-6 可以看出，当第一层的第一施工段上的混凝土浇筑结束后，第二层的第一施工段并没有立刻投入支设模板的专业施工队，在第 4d 出现了第一施工段工作面的空闲，这是由于支设模板的专业施工队在第一层的施工必须要到第 4d 才能结束，只能在第 5d 才可以投入第二层第一施工段进行施工。其他施工段也都由于同样原因出现了工作面的空闲。

从以上三种情况的比较中，可得出以下结论：

1）$m<n$ 时，各专业施工队不能连续施工，出现轮流窝工现象，工作面利用比较充分，工期最短。

2）$m=n$ 时，各专业施工队均能连续施工，工作面利用比较充分，工期比较短，是最理想的一种安排。

3）$m>n$ 时，各专业施工队均能连续施工，工作面利用不够充分，各施工段工作面都出现了空闲，工期最长。施工组织中往往利用工作面出现空闲的这段时间，把它与必要的技术间歇时间结合在一起，从而使流水施工组织更加合理。

综上所述，在有层间关系的工程中组织流水施工时，必须使施工段数大于或等于施工过程数（或专业施工队数），即 $m \geqslant n$ 或 $m \geqslant \sum b$。

（3）施工层

施工层，是指为组织多层建筑在竖向的流水施工，将建筑在垂直方向上划分的若干区段，一般用 j 来表示施工层的数目。施工层的划分视工程对象的具体情况而定，一般以建筑的结构层作为施工层。例如，一幢 8 层的现浇剪力墙结构的建筑，其结构层数就是施工层数。有时为方便施工，也可以按一定高度划分施工层。例如，单层工业厂房砌筑工程，一般每 $1.2 \sim 1.4$ m（即一步脚手架的高度）划分为一个施工层。

3.2 等节奏流水施工

3.2.1 等节奏流水施工

等节奏流水施工也叫全等节拍流水或固定节拍流水，是指在组织流水施工时，各施工过程在各施工段上的流水节拍全部相等。等节奏流水有以下基本特征：施工过程本身在各施工段上的流水节拍都相等；各施工过程的流水节拍彼此都相等；当没有平行搭接和间歇时，流水步距等于流水节拍。

等节奏流水施工根据流水步距的不同有如下两种情况。

1. 等节拍等步距流水施工

等节拍等步距流水施工即各流水步距值均相等，且等于流水节拍值的一种流水施工方式。各施工过程之间没有技术与组织间歇时间（$t_j = 0$），也不安排相邻施工过程在同一施工段上的搭接施工（$t_d = 0$）。有关参数计算如下。

这种情况下的流水步距都相等且等于流水节拍的值，即 $K = t$。

流水工期的计算：

$$\sum K_{i,i+1} = (n-1)t, \quad T_n = mt$$

$$T = \sum K_{i,i+1} + T_n = (n-1)t + mt = (m+n-1)t \tag{3-7}$$

【例 3-3】某工程划分为 A、B、C、D，4 个施工过程，每个施工过程划分为 4 个施工段，流水节拍均为 2d，试组织流水施工。

根据案例条件和要求，适合组织全等节拍流水施工。

（1）确定流水步距：

$$K = t = 2 \text{ (d)}$$

（2）确定总工期：

$$T = (m+n-1)t = (4+4-1) \times 2 = 14 \text{(d)}$$

（3）绘制流水施工进度安排如图 3-7 所示。

全等节拍流水施工，一般只适用于施工对象结构简单、工程规模较小、施工过程数不

序号	施工过程	施工进度(d)						
		2	4	6	8	10	12	14
1	A	①	②	③	④			
2	B		①	②	③	④		
3	C			①	②	③	④	
4	D				①	②	③	④

图 3-7　某工程等节拍等步距流水施工进度安排

太多的房屋工程或线形工程,如道路工程、管道工程等。

2. 等节拍不等步距流水施工

等节拍不等步距流水施工即各施工过程的流水节拍全部相等,但各流水步距不相等(有的步距等于节拍值,有的步距不等于节拍值)。这是由于各施工过程之间,有的需要有技术与组织间歇时间,有的可以安排搭接施工。有关参数计算如下。

(1) 流水步距的计算

这种情况下的流水步距 $K_{i,i+1} = t_i + (t_j^j + t_{j-t_d}^z)$。

(2) 流水工期的计算:

$$\sum K_{i,i+1} = (n-1)t + \sum t_j^j + \sum t_j^z - \sum t_d, \quad T_n = mt$$

$$T = (n-1)t + \sum t_j^j + \sum t_j^z - \sum t_d + mt = (m+n-1)t + \sum t_j^j + \sum t_j^z - \sum t_d$$

$$(3-8)$$

式中,t_j^j——技术间歇时间;

t_j^z——组织间歇时间;

t_d——搭接时间。

【例 3-4】某 3 层 2 单元砖混结构住宅楼主体工程,由砌砖墙、现浇梁板、吊装预制板 3 个施工过程组成,它们的流水节拍均为 2d。设现浇梁板后要养护 1d 才能吊装预制楼板,吊装完楼板后要嵌缝、找平弹线 1d,试确定每层施工段数 m 及流水工期 T,并绘制流水进度图。

(1) 确定施工段数。

当工程属于层间施工,又有技术间歇及层间间歇时,其每个施工层施工段数可按下式来计算:

$$m \geqslant n + \frac{\sum Z_1}{K} + \frac{Z_2}{K}$$

$$(3-9)$$

式中，$\sum Z_1$——施工层中各施工过程间技术、组织间歇时间之和；

Z_2——楼层间的技术、组织间歇时间。

则取：$m = 3 + \dfrac{1}{2} + \dfrac{1}{2} = 4$（段）

（2）计算工期。

$$T = (jm + n - 1)t + \sum Z_1 = (3 \times 4 + 3 - 1) \times 2 + 1 = 29(\text{d})$$

（3）绘制流水施工进度安排，如图 3-8 所示。

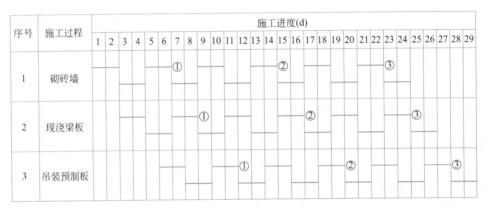

图 3-8 层间有间歇等节拍不等步距流水施工进度安排

注：①、②、③表示施工层

3.3 异节奏流水施工

在组织流水施工时常常遇到这样的问题：如果某施工过程要求尽快完成，或某施工过程的工程量过少，这种情况下，这一施工过程的流水节拍就小；如果某施工过程由于工作面受限制，不能投入较多的人力或机械，这一施工过程的流水节拍就大。这就出现了各施工过程的流水节拍不能相等的情况，这时可组织异节奏流水施工。当各施工过程在同一施工段上的流水节拍彼此不等而存在最大公约数时，为加快流水施工速度，可按最大公约数的倍数确定每个施工过程的专业施工队，这样便构成了一个工期最短的成倍节拍流水施工方案。

1. 成倍节拍流水施工的特点

（1）同一施工过程在各施工段上的流水节拍彼此相等，不同的施工过程在同一施工段上的流水节拍不尽相同，但互为倍数关系。

（2）流水步距彼此相等，且等于流水节拍的最大公约数。

（3）各专业施工队都能够保证连续施工，施工段没有空闲。

（4）专业施工队数大于施工过程数，即 $n' > n$。

2. 流水步距的确定

$$K_{i,i+1} = K_b \tag{3-10}$$

式中，K_b——成倍节拍，流水步距取流水节拍的最大公约数。

3. 每个施工过程的施工队组确定

$$b_i = \frac{t_i}{K_b}, n' = \sum b_i \tag{3-11}$$

式中，b_i——某施工过程所需施工队组数；

$\quad n'$——专业施工队组总数目。

4. 施工段的划分

（1）不分施工层时，可按划分施工段的原则确定施工段数，一般取 $m = n'$。

（2）分施工层时，每层的最少施工段数可按公式（3-12）确定。

$$m = n' + \frac{\sum t_j^j + \sum t_j^z + \sum t_j^c - \sum t_d}{K_b} \tag{3-12}$$

5. 流水施工工期

无层间关系时：

$$T = (m + n' - 1)K_b + \sum (t_j^j + t_j^z - t_d) \tag{3-13}$$

有层间关系时：

$$T = (mj + n' - 1)K_b + \sum (t_j^j + t_j^z - t_d) \tag{3-14}$$

式中，j—施工层数。

【例 3-5】 已知某分部工程有三个施工过程，分别为 A、B、C，流水施工段 $m = 3$ 段，各施工过程的流水节拍分别为 $t_1 = 2d$，$t_2 = 4d$，$t_3 = 6d$，试组织成倍节拍流水施工。

（1）确定流水步距，取流水节拍的最大公约数 2d。

（2）求专业工作队数：

$$b_1 = \frac{t_1}{K_b} = \frac{2}{2}（队）= 1（队）$$

$$b_2 = \frac{t_2}{K_b} = \frac{4}{2}（队）= 2（队）$$

$$b_3 = \frac{t_3}{K_b} = \frac{6}{2}（队）= 3（队）$$

$$n' = \sum_{i=1}^{3} b_i = 1 + 2 + 3 = 6（队）$$

（3）施工工期：

$$T = (m + n' - 1)K_b + \sum (t_j^j + t_j^z - t_d)$$
$$= (3 + 6 - 1) \times 2 + 0 + 0 = 16（d）$$

绘制该分部工程的施工进度安排，如图 3-9 所示。

【例 3-6】 某两层现浇钢筋混凝土工程，施工过程分为安装模板、绑扎钢筋和浇筑混凝土，其流水节拍分别为 $t_{模} = 2d$，$t_{筋} = 1d$，$t_{混凝土} = 1d$。当安装模板工作队转移到第二层第一段施工时，需等第一层第一段的混凝土养护 1d 后才能进行。试组织成倍节拍流水施工，

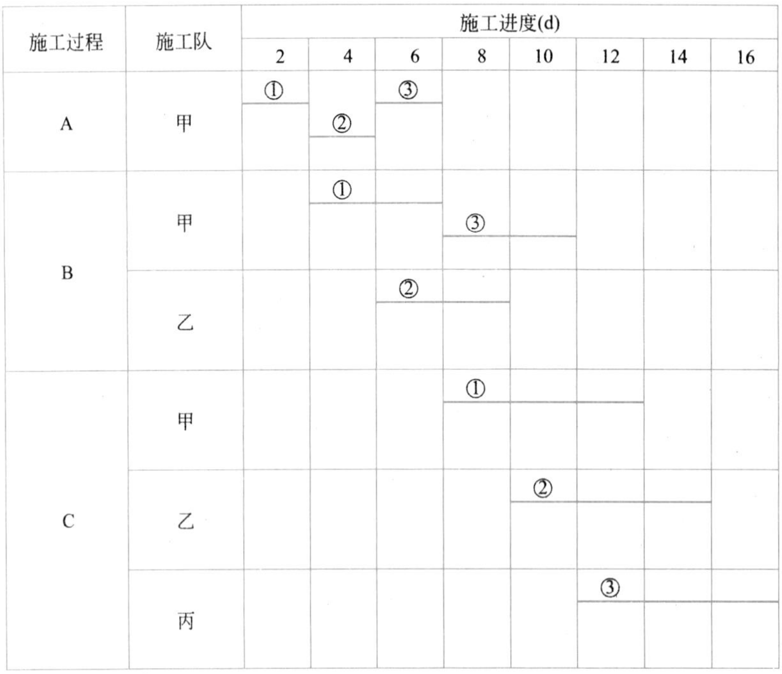

施工过程	施工队	施工进度(d)							
		2	4	6	8	10	12	14	16
A	甲	①	②	③					
B	甲		①		③				
	乙			②					
C	甲				①				
	乙					②			
	丙						③		

图 3-9 成倍节拍流水施工进度安排

并绘制流水施工进度。

（1）确定流水步距 K，取为流水节拍的最大公约数 1d。

（2）求专业工作队数：

$$b_{模} = \frac{t_{模}}{K_b} = \frac{2}{1}（队）= 2（队）$$

$$b_{钢筋} = \frac{t_{钢筋}}{K_b} = \frac{1}{1}（队）= 1（队）$$

$$b_{混凝土} = \frac{t_{混凝土}}{K_b} = \frac{1}{1}（队）= 1（队）$$

$$n' = \sum_{i=1}^{3} b_i = 2 + 1 + 1 = 4（队）$$

（3）确定每层的施工段数：

$$m = n' + \frac{\sum t_j^j + \sum t_j^z + \sum t_j^c - \sum t_d}{K_b}$$

$$= 4 + \frac{0 + 0 + 1 - 0}{1} = 5（段）$$

（4）施工工期：

$$T = (mj + n' - 1)K_b + \sum (t_j^j + t_j^z - t_d)$$

$$= (5 \times 2 + 4 - 1) \times 1 + 0 - 0 = 13（d）$$

（5）绘制流水施工进度安排，如图 3-10 所示。

施工层	施工过程	工作队	施工进度(d)												
			1	2	3	4	5	6	7	8	9	10	11	12	13
第一层	安装模板	甲	①				⑤								
					③										
		乙		②											
						④									
	绑扎钢筋	甲			①		③		⑤						
						②		④							
	浇筑混凝土	乙				①		③		⑤					
							②		④						
第二层	安装模板	甲							①			⑤			
										③					
		乙								②					
											④				
	绑扎钢筋	甲									①		③		⑤
												②		④	
	浇筑混凝土	乙										①		③		⑤
													②		④

图 3-10　层间有间歇的成倍节拍流水施工进度安排

3.4　无节奏流水施工

无节奏流水施工又称分别流水施工，是指同一施工过程在各施工段上的流水节拍不全相等，不同的施工过程之间流水节拍也不相等的一种流水施工方式。这种组织施工的方式，在进度安排上比较自由、灵活，是实际工程组织施工最普遍、最常用的一种方法。

1. 无节奏流水施工的特点

（1）同一施工过程在各施工段上的流水节拍有一个以上不相等。

（2）各施工过程在同一施工段上的流水节拍也不尽相等。

（3）保证各专业队（组）连续施工，施工段上可以有空闲。

（4）施工队组数 n' 等于施工过程数 n。

2. 流水步距的计算

组织无节奏流水施工时，要保证各专业施工队（组）连续施工，关键在于确定适当的流水步距，常用的方法是"累加数列、错位相减、取大差值"。就是将每一施工过程在各施工段上的流水节拍累加成一个数列，两个相邻施工过程的累加数列错一位相减，在几个差值中取一个最大的，即这两个相邻施工过程的流水步距，这种方法称为最大差法。这种方法是由潘特考夫斯基首先提出的，故又称潘特考夫斯基法。这种方法简捷、准确，便于掌握。

3. 流水工期的计算

无节奏流水施工的工期可按下式计算：

$$T = \sum K_{i,i+1} + T_n + \sum t_j^j + \sum t_j^z - \sum t_d \tag{3-15}$$

式中，$\sum K_{i,i+1}$——流水步距之和。

【例 3-7】某工程项目，有 A、B、C、D、E 五个施工过程，分四段施工，每个施工过程在各施工段上的持续时间见表 3-4，规定施工过程 B 完成后，其相应施工段至少要养护 2d；施工过程 D 完成后，其相应施工段要留有 1d 的准备时间；为了尽早完工，允许施工过程 A 和施工过程 B 之间搭接施工 1d，试组织流水施工。

各施工过程在各施工段上的持续时间表　　　　　　　　　　　　　表 3-4

施工过程	施工段			
	①	②	③	④
A	2	3	2	1
B	2	4	5	2
C	3	2	4	5
D	3	1	5	5
E	2	4	3	1

根据所给资料知，各施工过程在不同的施工段上流水节拍不相等，故可组织无节奏流水流水施工。

(1) 计算流水步距：

① $K_{A,B}$

$$
\begin{array}{r}
2 \quad 5 \quad 7 \quad 8 \\
-)\quad 2 \quad 6 \quad 11 \quad 13 \\
\hline
2 \quad 3 \quad 1 \quad -3 \quad -13
\end{array}
$$

所以 $K_{A,B} = \max\{2, 3, 1, -3, -12\} = 3$ (d)

② $K_{B,C}$

$$
\begin{array}{r}
2 \quad 6 \quad 11 \quad 13 \\
-)\quad 3 \quad 5 \quad 9 \quad 14 \\
\hline
2 \quad 3 \quad 6 \quad 4 \quad -14
\end{array}
$$

所以 $K_{B,C} = \max\{2、3、6、4、-14\} = 6$ (d)

③ $K_{C,D}$

$$
\begin{array}{r}
3 \quad 5 \quad 9 \quad 14 \\
-)\quad 3 \quad 4 \quad 9 \quad 14 \\
\hline
3 \quad 2 \quad 5 \quad 5 \quad -14
\end{array}
$$

所以 $K_{C,D}=\max\{3,2,5,5,-14\}=5$（d）

④ $K_{D,E}$

$$
\begin{array}{r}
3\quad 4\quad 9\quad 14\quad\ \ \\
-)\quad 2\quad 6\quad 9\quad 10\\
\hline
3\quad 2\quad 3\quad 5\quad -10
\end{array}
$$

所以 $K_{D,E}=\max\{3,2,3,5,-10\}=5$（d）

（2）计算施工工期：

$$\sum t_j=t_j^j+t_j^z=2+1=3(\text{d})，\quad \sum t_d=1(\text{d})$$

带入工期计算公式得：

$$T=\sum K_{i,\,i+1}+T_n+\sum t_j^j+\sum t_j^z-\sum t_d$$
$$=(3+6+5+5)+(2+4+3+1)+3-1=31(\text{d})$$

无节奏流水施工进度安排，如图 3-11 所示。

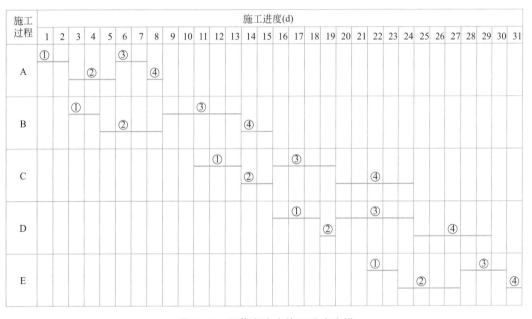

图 3-11　无节奏流水施工进度安排

3.5　流水施工综合实例

以框架结构房屋的流水施工为例。

某四层教学楼，建筑面积为 1680m²，基础为钢筋混凝土条形基础，主体工程为现浇框架结构。装修工程为铝合金窗、胶合板门，外墙用灰色外墙砖贴面，内墙为中级抹灰，外加 106 涂料。屋面工程为现浇钢筋混凝土屋面板：防水层贴一毡二油，外加架空隔热层。其劳动量和施工队的人数见表 3-5。

某四层框架结构教学楼房屋劳动量			表 3-5
序号	分项名称	劳动量（工日）	施工队人数
基础工程			
1	基础挖土	200	26
2	混凝土垫层	18	26
3	基础扎筋	55	7
4	基础混凝土	178	10
5	素混凝土墙基础	58	10
6	回填土	52	7
主体工程			
7	脚手架	115	—
8	柱扎筋	78	9
9	柱梁板楼梯支模	955	20
10	柱浇混凝土	322	18
11	梁板楼梯扎筋	325	21
12	梁板楼梯浇混凝土	680	27
13	拆柱梁板楼梯模板	172	11
14	砌砖墙	728	31
屋面工程			
15	屋面防水层	57	7
16	屋面隔热层	35	16
装修工程			
17	楼地面及楼梯抹水泥砂浆	455	28
18	顶棚、墙面中级抹灰	650	41
19	顶棚、墙面106涂料	48	7
20	铝合金窗	82	10
21	胶合板门	50	7
22	外墙面砖	420	28
23	油漆、玻璃	56	7
24	水电	—	—

　　本工程由基础分部、主体分部、装修分部、水电分部组成，因其各分部的劳动量差异较大，应采用分别流水，即先分别组织各分部的流水施工，然后再考虑各分部之间的相互搭接施工，脚手架工程在基础工程完工后进行搭设，至三层主体结束，水电工程在基础工程施工时开始，至4层主体结束，室外工程包括散水、水落管等，与外墙面砖搭接施工，用时 7d 左右。具体组织方法如下。

3.5.1　基础工程

基础工程包括基槽挖土、浇筑混凝土垫层、绑扎基础钢筋、浇筑基础混凝土、浇筑素混凝土墙基、回填土施工过程。考虑到基础混凝土垫层劳动量小，可与挖土合并为一个施工过程，又考虑到基础混凝土与素混凝土墙基是同一工种，可以合并为同一施工过程。

基础工程经过合并后共有 4 个施工过程，可组织全等节拍流水，由于占地面积约为 $400m^2$，考虑工作面的因素，将其划分为两个施工段，流水节拍和流水工期计算如下。

1. 流水节拍

基槽挖土和垫层的劳动量之和为 218 工日，施工班组人数为 26 人，采用一班制，垫层完成后应养护 1d，其流水节拍为：

$$t_挖 = \frac{218}{26 \times 2} \approx 4(d)$$

基础绑扎钢筋，劳动量为 55 工日，施工班组人数为 7 人，采用一班制，其流水节拍为：

$$t_扎 = \frac{55}{7 \times 2} \approx 4(d)$$

基础混凝土和素混凝土墙基劳动量共 236 工日，施工班组人数为 10 人，采用三班制，基础混凝土完成后需养护 1d，其流水节拍为：

$$t_混 = \frac{236}{10 \times 2 \times 3} \approx 4(d)$$

基础回填土其劳动量为 52 工日，施工班组人数为 7 人，采用一班制，其流水节拍为：

$$t_回 = \frac{52}{7 \times 2} \approx 4(d)$$

2. 基础工程的流水工期

$$T = (m+n-1)t + \sum t_j^j + \sum t_j^z - \sum t_d$$
$$= 2+4-1 \times 4 + 2 = 22(d)$$

3.5.2　主体工程

主体工程包括搭拆脚手架、柱扎筋，柱、梁、板、楼梯支模，柱浇混凝土，梁、板、楼梯扎筋，梁、板、楼梯浇混凝土，拆模板，砌砖墙等施工过程。

主体工程由于有层间关系，$m=2$，$n=8$，$m<n$，工作班组会出现窝工现象，但框架结构只要模板工程这一主导工程的施工班组连续施工，其余的施工过程的施工班组与其他工地统一考虑调度安排，其流水节拍和施工工期计算如下。

1. 流水节拍

（1）柱扎筋的劳动量为 78 工日，施工班组人数为 9 人，施工段数为 $m=2 \times 4$（段）$=8$（段），采用一班制，其流水节拍为：$t_{柱扎筋} = \frac{78}{9 \times 2 \times 4} \approx 1$（d）。

（2）柱、梁、板、楼梯支模劳动量为 955 工日，施工班组人数为 20 人，施工段数为 $m=2\times4$（段）=8（段），采用一班制，其流水节拍为：$t_{支模}=\dfrac{955}{20\times2\times4}\approx6$（d）。

（3）柱浇筑混凝土的劳动量为 322 工日，施工班组人数为 18 人，施工段数为 $m=2\times4$（段）=8（段），采用二班制，其流水节拍为 $t_{柱混凝土}=\dfrac{322}{18\times2\times4\times2}\approx1$（d）。

（4）梁、板、楼梯扎筋的劳动量为 325 工日，施工班组人数为 21 人，施工段数为 $m=2\times4$（段）=8（段），采用一班制，其流水节拍为：$t_{梁、板、楼梯扎筋}=\dfrac{325}{21\times2\times4}\approx2$（d）。

（5）梁、板、楼梯浇混凝土的劳动量为 680 工日，施工班组人数为 27 人，施工段数为 $m=2\times4$（段）=8（段），采用三班制，其流水节拍为：$t_{梁、板、楼梯混凝土}=\dfrac{680}{27\times2\times4\times3}\approx1$（d）。

（6）实际柱拆模可比梁拆模提前，但计划安排上可视为一个施工过程，即等梁、板、楼梯浇完混凝土后养护 12d 才拆除模板。

柱、梁、板、楼梯拆模劳动量为 172 工日，施工班组人数为 11 人，施工段数为 $m=2\times4$（段）=8（段），采用一班制，其流水节拍为：$t_{拆模}=\dfrac{172}{11\times2\times4}\approx2$（d）。

（7）砌砖墙的劳动量为 728 工日，施工班组人数为 31 人，施工段数为 $m=2\times4$（段）=8（段），采用一班制，其流水节拍为：$t_{砌墙}=\dfrac{728}{31\times2\times4}\approx3$（d）。

2. 主体工程的流水工期

$$T=1+6\times8+1+2+1+12+2+3=70\text{（d）}$$

3.5.3 屋面工程

屋面工程包括屋面防水层和隔热层，考虑屋面防水要求高，所以不分段施工，即采用依次施工的方式。屋面防水层的劳动量为 57 工日，施工班组人数为 7 人，采用一班制，其流水节拍为 $t_{防}=\dfrac{57}{7}\approx8$（d）。

屋面隔热层的劳动量为 35 工日，施工班组人数为 16 人，采用一班制，其流水节拍为 $t_{防}=\dfrac{35}{16}\approx2$（d）

屋面工程的流水工期=8+2+9=19（d）

3.5.4 装饰工程

装饰工程包括室内装饰和室外装饰两部分，室内装饰主要分为楼地面、楼梯地面、天棚内墙面抹灰、106 涂料、铝合金窗安装、胶合板门安装、油漆、玻璃等施工过程；室外装饰主要有外墙贴面砖一个施工过程。

由于室内装修阶段施工过程多，组织固定节拍较困难，若以楼层来划分施工段，则每一个施工过程都有 4 个施工段，再加上每一施工过程在各施工段上的流水节拍均相等，故可组织异节拍流水施工，其流水节拍、流水步距、施工工期计算如下。

1. 流水节拍

（1）楼地面、楼梯地面的劳动量为 455 工日，施工班组人数为 28 人，施工段数为 $m=4$ 段，采用一班制，施工完成后其相应施工段数应养护 3d，其流水节拍为：$t_{地面}=\dfrac{455}{28\times4}\approx4$（d）。

（2）顶棚内墙面抹灰的劳动量为 650 工日，施工班组人数为 41 人，施工段数为 $m=4$ 段。采用一班制，施工完成后其相应施工段需养护 1d，其流水节拍为：$t_{抹灰}=\dfrac{650}{41\times4}\approx4$（d）。

（3）铝合金窗安装的劳动量为 82 工日，施工班组人数为 10 人，施工段数为 $m=4$ 段，采用一班制，其流水节拍为：$t_{窗安}=\dfrac{82}{10\times4}\approx2$（d）。

（4）106 涂料的劳动量为 48 工日，施工班组人数为 7 人，施工段数为 $m=4$ 段，采用一班制，其流水节拍为：$t_{窗安}=\dfrac{48}{7\times4}\approx2$（d）。

（5）胶合板门安装的劳动量为 50 工日，施工班组人数为 7 人，施工段数为 $m=4$ 段，采一班制，其流水节拍为：$t_{门安}=\dfrac{50}{7\times4}\approx2$（d）。

（6）油漆、玻璃的劳动量为 56 工日，施工班组人数为 7 人，施工段数为 $m=4$ 段，采用一班制，其流水节拍为：$t_{门安}=\dfrac{56}{7\times4}=2$（d）。

（7）外墙贴面砖自上而下不分层不分段施工，劳动量为 420 工日，施工班组人数为 28 人，采用一班制，其流水节拍为：$t_{面砖}=\dfrac{420}{28}=15$（d）

2. 流水步距

流水步距计算如下：

（1）$t_{地面}=t_{抹灰}$，$t_j=3$，$t_d=0$；

故，$K_{地面,抹灰}=t_{地面}+t_j-t_d=4+3-0=7$（d）

（2）$t_{抹灰}=t_{窗安}$，$t_j=1$，$t_d=0$

故，$K_{抹灰,窗安}=4\times4-3\times2+1-0=11$（d）

（3）$t_{窗安}=t_{门安}$，$t_j=0$，$t_d=0$

故，$K_{窗安,门安}=t_{窗安}+t_j-t_d=2+0-0=2$（d）

（4）$t_{门安}=t_{涂料}$，$t_j=0$，$t_d=0$

故，$K_{门安,涂料}=t_{门安}+t_j-t_d=2+0-0=2$（d）

（4）$t_{涂料}=t_{油漆}$，$t_j=0$，$t_d=0$

故，$K_{涂料,油漆}=t_{涂料}+t_j-t_d=2+0-0=2$（d）

3. 流水工期

$$T=7+11+2+2+2+2\times4=32(d)$$

根据上述计算的流水节拍、流水步距和流水工期绘制的横道计划如图 3-12 所示。

单元小结

本教学单元通过依次施工、平行施工和流水施工三种组织施工的方式的比较，引出流水施工的概念，并且介绍了流水施工的分类和表达方式；重点阐述了流水施工工艺参数、时间参数及空间参数的确定以及组织流水施工的三种基本方式，并且结合实例阐述了流水施工组织方式在实践中的应用步骤和方法。通过本单元的学习，使学生掌握等节奏流水、异节奏流水和无节奏流水的组织方法，并且学会在实践中应用。

思考及练习

一、判断题

1. 流水施工的最大优点是工期短，充分利用工作面。（   ）

2. 平行施工组织方式是全部工程任务的各施工段同时开工、同时完成的一种施工组织方式。（   ）

3. 异节奏流水施工是指同一施工过程在各个施工段上流水节拍不完全相等的一种流水施工方式。（   ）

4. 组织流水施工必须使同一施工过程的专业队组保持连续施工。（   ）

5. 安装砌筑类施工过程占有施工空间，影响项目总工期，必须列入施工进度计划中。（   ）

6. 在流水施工中，不同施工段上同一工序的作业时间一定相等。（   ）

二、填空题

1. 根据组织流水施工的工程对象的范围大小，流水施工可分为_____流水施工、_____流水施工、_____流水施工和群体工程流水施工。

2. 流水施工参数包括_____参数、_____参数和_____参数。

3. 组织施工的三种方式是_____、_____、_____。

三、简答题

1. 什么是流水施工？流水施工的特点是什么？

2. 流水施工的基本参数有哪些？

3. 无节奏流水施工的流水步距如何确定？

4. 合理划分施工段一般应遵循哪些原则？

5. 施工组织的方式有哪几种？各有什么特点？

四、计算题

1. 某分部工程包括 A、B、C、D 四个施工过程，流水节拍分别为 2d、6d、4d、2d，分四个施工段，且 A，B 完成后各有 1d 的技术间歇时间，试组织流水施工。

2. 某分部工程包括 A、B、C、D 四个施工过程，平面上划分四个施工段，已知流水节拍分别为 3d、5d、3d、4d。试组织流水施工。

3. 某两层现浇钢筋混凝土楼盖工程，施工过程分为安装模板、绑扎钢筋和浇筑混凝土，已知流水节拍分别为 $t_模=4d$，$t_筋=2d$，$t_混=2d$，层间间歇时间为 4d。试组织流水施工。

教学单元 4

Chapter 04

网络计划技术

教学目标

1. 知识目标：

了解网络计划的基本概念、基本原理与特点，理解双代号网络图、单代号网络图的绘制原则和特点，掌握双代号网络图、单代号网络图、时标网络图的绘制，掌握双代号网络图、单代号网络图时间参数的计算，掌握网络计划优化的方法和步骤。

2. 能力目标：

具备绘制双代号网络计划、单代号网络计划、时标网络图的能力，具备双代号网络计划、单代号网络计划时间参数计算能力，具备网络计划优化的能力。

3. 素质目标：

培养一丝不苟、专心致志的思想品德，学会小组协作，团结一致。

思维导图

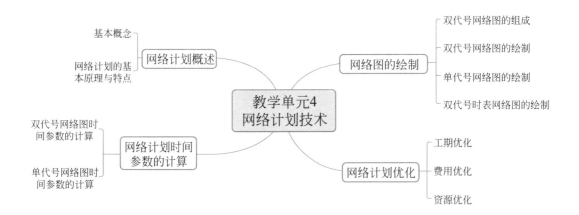

20世纪50年代中期，为了适应生产发展的需要和科技进步的要求，出现了建立在网络模型的基础上，主要用来编制计划（工作计划或施工进度计划）和对计划的实施进行控制、监督的技术，称为网络计划技术，也称之为"统筹法"。20世纪60年代中期，我国著名数学家华罗庚教授首先将网络计划技术引进国内。

在建筑工程施工中，网络计划技术的主要用途是用来编制建筑企业的生产计划和工程施工的进度计划。并用来对计划本身进行优化处理，对计划的实施进行监督、控制和调整，达到缩短工期、提高工效、降低成本、增加企业经济效益的目的。

4.1 网络计划概述

4.1.1 基本概念

网络计划，是指利用网络图的形式表达各项工作之间的相互制约和相互依赖关系，并分析其内在规律，从而寻求最优方案的方法。网络计划技术不仅是一种科学的管理方法，同时也是一种科学的计划方法。

4.1.2 网络计划的基本原理与特点

1. 基本原理

（1）把一项工程的全部建设过程分解成若干项工作，按照各项工作开展的先后顺序和相互之间的逻辑关系用网络图的形式表达出来。

（2）通过网络图各项时间参数的计算，找出计划中的关键工作、关键线

双代号网络图的绘制

路并计算工期。

（3）通过网络计划优化，不断改进网络计划的初始安排，找到最优方案。

（4）在计划的实施过程中，通过检查、调整，对其进行有效的控制和监督，以最小的资源消耗，获得最大的经济效益。

2. 网络计划的特点

（1）优点

1）把整个网络计划中的各项工作组成一个有机整体，能够全面、明确地反映各项工作开展的先后顺序，同时也能反映各项工作之间的逻辑关系。

2）能够通过时间参数的计算，确定各项工作的开始时间和结束时间，找出影响工程进度的关键工序，可以明确各项工作的机动时间，并合理地加以利用，以便于管理人员抓住主要矛盾，优化资源配置。

3）在计划执行过程中进行有效的管理和控制，以便合理使用资源，优质、高效、低耗地完成预定的工作。

4）通过网络计划的优化，可在若干个方案中找到最优方案。

5）网络计划的编制、计算、调整、优化都可以通过计算机协助完成。

（2）缺点

1）表达计划不直观、不形象，从图上很难看出流水作业的情况。

2）很难依据非时标网络计划计算资源的日用量。

3）编制较难，绘制较麻烦。

3. 网络计划的分类

网络计划的种类很多，可以从不同的角度进行分类，具体分类方法如下：

（1）按网络计划编制的对象和范围分类：分部工程网络计划、单位工程网络计划、总体网络计划。

（2）按网络计划的性质和作用分类：实施性网络计划、控制性网络计划。

（3）按网络计划有无时间坐标分类：时标网络计划、无时标网络计划。

（4）按网络计划中工序所用代号不同分类：双代号网络计划、单代号网络计划。

4. 网络计划的编制流程

确定施工工作组成及其施工顺序；理顺施工工作的先后关系并用网络图表示；给出施工工作所需持续时间；制订网络计划；不断优化、调整直到最优。

4.2　网络图的绘制

4.2.1　双代号网络图的组成

双代号网络图三要素包括工作、节点和路线。双代号网络计划图如图 4-1 所示。

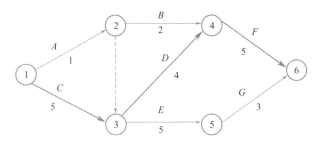

图 4-1　双代号网络计划图

1. 箭线（工作）

（1）网络图中一端带箭头的直线即为箭线。在双代号网络图中，它与其两端的节点表示一项工作。箭线表示的内容有以下几个方面：

1）表示一项工作或表示一个施工过程。工作可大可小，既可以是一个简单的施工过程，如挖土、垫层等分项工程或者基础工程、主体工程等分部工程；也可以是一项复杂的工程任务，如教学楼土建工程等单位工程，如何确定一项工作的范围取决于所绘制的网络计划的作用。

2）表示一项工作所消耗的时间和资源，分别用数字标注在箭线的下方和上方。一般而言，每项工作的完成都要消耗一定的时间和资源，如绑扎钢筋、支模板等，也存在只消耗时间而不消耗资源的工作，如混凝土养护等技术间歇等。

3）箭线的长短：在无时间坐标的网络图中，长度不代表时间的长短，而在有时间坐标的网络图中，其箭线的长度必须根据完成该项工作所需时间长短按比例绘制。

4）箭线的方向表示工作进行的方向和前进的路线，箭尾表示工作的开始，箭头表示工作的结束。

5）箭线的形状不得中断，一般画成水平直线或者带水平直线的折线。

6）双代号网络计划中，还有一种工作叫虚工作，用虚箭线表示，只表示相邻工作之间的逻辑关系，既不占用时间，也不耗用资源，其表达形式可垂直向上或向下，也可水平向右，如图 4-1 中工作②→③。

（2）按照网络图中工作之间的相互关系，将工作分为以下几个类型：

1）紧前工作：紧接于某工作箭尾端的各工作是该工作的紧前工作。双代号网络图中紧前工作之间可能有虚工作。如图 4-1 所示，工作③→④的紧前工作有①→③和②→③，其中工作②→③是虚工作。

2）紧后工作：紧接于某工作箭头的各工作是该工作的紧后工作。双代号网络图中，本工作后工作之间可能有虚工作。如图 4-1 所示，工作③→④的紧后工作有④→⑥。

3）平行工作：同一节点出发或者指向同一节点的工作是平行工作，如图 4-1 所示，工作①→②和①→③是平行工作。

2. 节点

节点就是网络图中两道工序之间的交接之点，一般用圆圈表示。节点表达的内容有以下几个方面：

（1）节点表示前面工作结束和后面工作开始的瞬间，所以节点不需要消耗时间和资源。

（2）箭线的箭尾节点表示该工作的开始，箭线的箭头节点表示该工作的结束。

（3）根据节点在网络图中的位置不同，可以分为起始节点、终点节点和中间节点。

起始节点是网络图的第一个节点，表示一项任务的开始。终点节点是网络图的最后节点，表示一项任务的完成。网络图中的其他节点称为中间节点，中间节点具有双重的含义，既是前面工作的箭头节点，也是后面工作的箭尾节点。如图 4-1 所示，①节点为起始节点；⑥节点为终点节点；④节点表示 B 和 D 工作的结束，也表示 F 工作的开始。

3. 节点编号

网络图中的每个节点都有自己的编号，以便赋予每项工作以代号，便于计算网络图的时间参数和检查网络图是否正确。

（1）节点编号必须满足两条基本规则：①箭头节点编号大于箭尾节点编号；②在一个网络图中，所有节点不能出现重复编号，可以连号也可以跳号，以便适应网络计划调整中增加工作的需要，使编号留有余地。

（2）节点编号的方法有两种：一种是水平编号法，即从起点节点开始由上到下逐行编号，每行则自左到右按顺序编号，如图 4-2（a）所示；另一种是垂直编号法，即从起点节点开始自左到右逐列编号，每列则根据编号规则的要求进行编号，如图 4-2（b）所示。

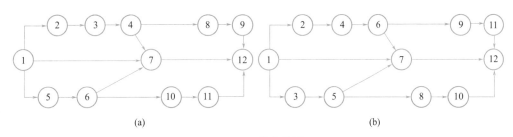

图 4-2　节点编号

（a）水平编号法；（b）垂直编号法

4. 线路

网络图中，由起点节点沿箭线方向经过一系列箭线与节点至终点节点，所形成的路线，称为线路。

（1）在一个网络图中，从起点节点到终点节点，一般都存在着许多条线路，每条线路都包含若干项工作，这些工作的持续时间之和就是该线路的时间长度，即线路上总的工作持续时间。以图 4-1 为例，列表计算见表 4-1。

网络图线路时间计算表　　　　　　　　　　　　表 4-1

序号	线路	时间(d)
1	①→②→④→⑥	1+2+5=8
2	①→②→③→④→⑥	1+0+4+5=10
3	①→②→③→⑤→⑥	1+0+5+3=9
4	①→③→④→⑥	5+4+5=14
5	①→③→⑤→⑥	5+5+3=13

5. 关键线路与非关键线路

在一项计划的所有线路中，持续时间最长的线路，其对整个工程的完工起着决定性作用，称为关键线路，其余线路称为非关键线路。关键线路的持续时间即为该项计划的工期。关键线路宜用粗箭线、双箭线或彩色箭线标注，以突出其在网络计划中的重要位置。在图 4-1 中，线路①→③→④→⑥为关键线路，其他为非关键线路。

6. 关键工作与非关键工作

位于关键线路上的工作称为关键工作，其余工作称为非关键工作。如图 4-1 所示，C、D、F 为关键工作，A、B、E、G 为非关键工作。

一般来说，一个网络图中至少有一条关键线路。关键线路也不是一成不变的，在一定的条件下，关键线路和非关键线路会相互转化。例如，当采取技术组织措施，缩短关键工作的持续时间，或者非关键工作持续时间延长时，就有可能使关键线路发生转移。网络计划中，关键工作的比重往往不易过大，网络计划越复杂工作节点就越多，则关键工作的比重应该越小，这样更有利于抓住主要矛盾。

4.2.2　双代号网络图的绘制

(1) 网络图应正确反映各工作之间的逻辑关系，包括工艺逻辑关系和组织逻辑关系。网络图要表达的逻辑关系有：工艺逻辑关系，组织逻辑关系。

网络图中各工作逻辑关系表示方法几则实例如下：

1) A 完成后进行 B（图 4-3a）。

2) A 完成后进行 B，B 完成后进行 C（图 4-3b）。

3) A 完成后进行 B 和 C（图 4-3c）。

4) A 和 B 都完成后进行 C（图 4-3d）。

5) A、B 完成后进行 C、D（图 4-3e）。

6) A 完成后进行 C，A、B 完成后进行 D（图 4-3f）。

7) A、B 均完成后进行 D，A、B、C 均完成后进行 E，D、E 均完成后进行 F（图 4-3g）。

8) A、B 均完成后进行 C，B、D 均完成后进行 E（图 4-3h）。

9) A 完成后进行 C，A、B 均完成后进行 D，B 完成后进行 E（图 4-3i）。

10) A、B、C 完成后进行 D，B、C 完成后进行 E（图 4-3j）。

11) A、B 两项工作分成三个施工段，分别流水施工，A_1 完成后进行 A_2、B_1，A_2 完成后进行 A_3、B_2，B_1 完成后进行 B_2，A_3、B_2 完成后进行 B_3（图 4-3k）。

(2) 网络图中严禁出现循环回路。在网络图中，从一个节点出发沿着某一条线路移动，又可回到原出发节点，即在图中出现了闭合的循环路线，称为循环回路。它表明网络图在逻辑关系上是错误的，在工艺关系上是矛盾的。如图 4-4 所示。

(3) 网络图中，在节点之间严禁出现带双向箭头或无箭头的连线。如图 4-5 所示。

(4) 网络图中，严禁出现没有箭头节点或者没有箭尾节点的箭线，如图 4-6 所示。

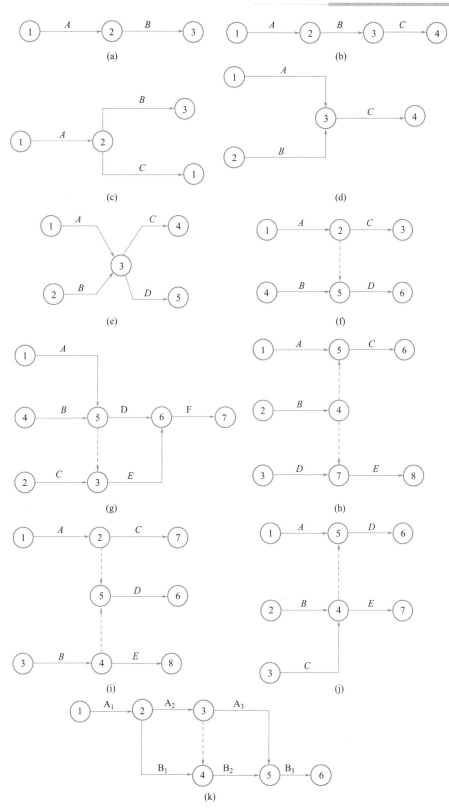

图 4-3 双代号网络图的绘制

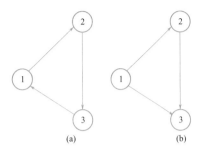

图 4-4 循环回路示意图

（a）错误；（b）正确

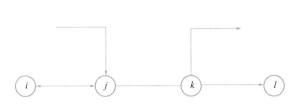

图 4-5 严禁出现带双向箭头或无箭头的连线

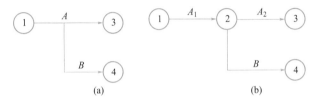

图 4-6 无开始节点工作示意图

（a）错误；（b）正确

（5）当网络图的某些节点有多条向外箭线或者多条向内箭线时，为使图形简洁，可使用母线法绘制（但应满足一项工作用一条箭线和相应的一对节点表示），如图 4-7 所示。

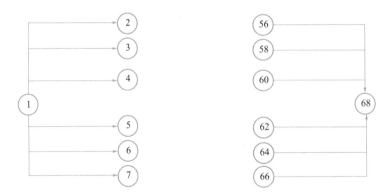

图 4-7 母线法绘制

（6）绘制网络图时，尽可能在构图时避免交叉。当交叉不可避免时，采用过桥法或者指向法，如图 4-8 所示。

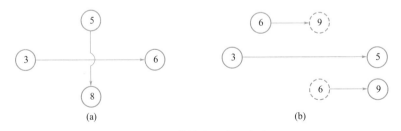

图 4-8 箭线交叉表示方法

（a）过桥法；（b）指向法

（7）双代号网络图中应只有一个起点节点和一个终点节点；而其他所有节点均应是中间节点。如图 4-9 所示。

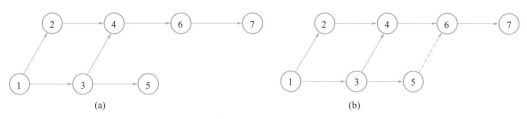

图 4-9　起点终点表示法

（a）错误；（b）正确

4.2.3　双代号网络图的绘制要求与步骤

1. 双代号网络图的绘制要求

绘制网络图时，应尽量采用水平箭线和垂直箭线形成网格结构，尽量减少斜箭线，使网络图规整、清晰。应尽量把关键工作和关键线路布置在中心位置，尽可能把密切相关的工作安排在一起，以突出重点，便于使用。

2. 双代号网络图绘制的步骤

用于表示工程项目施工计划安排的双代号网络图，其完整的绘制过程可以总结为以下主要步骤：

（1）明确划分总体工程项目的各项工作。

（2）借助于一定的方法，如单一时间估计法、专家估算法和类比估算法确定各项工作时间。

其中类比估算法是指依靠同类工程的档案资料，通过调用相关数据，用类比的方法确定相应工作的持续时间；在网络图的绘制准备阶段确定工作的持续时间，是下一步网络计划时间参数计算的前提。

（3）按照工程建造工艺和工程实施组织方案的具体要求，明确各项工作之间的先后顺序和逻辑关系，并归纳整理编制各工作之间的逻辑关系表。

（4）根据各工作间的逻辑关系，绘制网络图的草图。绘图时从没有紧前工作的工作开始，抓住每项工作的紧前工作和紧后工作依次向后，将各项工作按逻辑关系一一绘出。注意逻辑关系的正确表达和虚工作的正确使用。

（5）整理成正式网络图。

【例 4-1】 双代号网络图的绘制。

施工过程	A	B	C	D	E	F	G	H
紧前工作	无	A	B	B	B	CD	CE	FD
紧后工作	B	CDE	FG	F	G	H	H	无

采用顺推法绘制草图：以原始节点开始首先确定由原始节点引出的工作，然后根据工作之间的逻辑关系，确定每项工作的紧后工作。

（1）当某项工作只存在一项紧前工作时，该工作可以直接从其紧前工作的结束节点画出。

（2）当某项工作存在多于一项以上紧前工作时，可从其紧前工作的结束节点分别画虚工作并汇交到一个新节点，然后从这新节点把该项工作引出。

（3）在连接某工作时，若该工作的紧前工作没有全部给出，则该项工作不应画出。

（4）去掉多余虚箭线，并对网络图进行整理。

（5）检查、编号。

首先绘制双代号网络图草图。如图4-10所示。

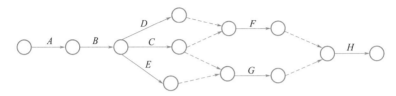

图4-10　双代号网络图草图

然后，去掉多余虚箭线，并对网络图进行整理，检查、编号。如图4-11所示。

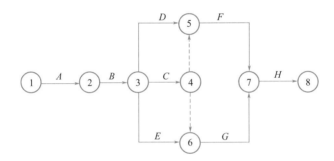

图4-11　完成双代号网络图绘制

【**例4-2**】某工程项目活动及逻辑关系。

工作活动	A	B	C	D	E	F	G	H	I	J	K
持续时间(d)	5	4	10	2	4	6	8	4	3	3	2
紧前活动	～	A	A	A	B	BC	CD	D	EF	GHF	IJ

初次布置图如图4-12所示。

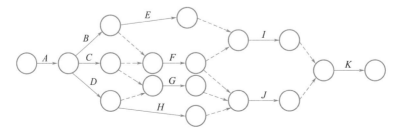

图4-12　双代号网络图初次布置图

刚开始作图时很难布置得整齐，经过整理，并给节点编号，如图 4-13 所示。

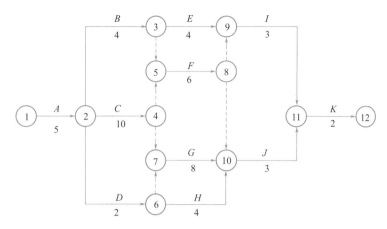

图 4-13　正式双代号网络图

在双代号绘制网络时，要始终记住绘图规则。当遇到工作关系比较复杂时，要尝试进行调整，如箭线的相互位置，增加虚箭线等，最重要的是要满足逻辑关系。当双代号网络图初步绘成后，要在满足逻辑关系的前提下，对双代号网络图进行调整。

4.2.4　单代号网络图的绘制

1. 单代号网络图的基本要素

（1）节点

节点用圆圈或方框表示，一个节点表示一项工作。特点是消耗时间和资源。表示方法如图 4-14 所示。节点必须编号，节点编号严禁重复，一项工作只有唯一的一个节点和唯一的一个编号。编号要由小到大，即箭头节点的编号要大于箭尾节点的编号。

图 4-14　节点示意图

（2）箭线

单代号网络图中，箭线表示紧邻工作之间的逻辑关系，既不占用时间，也不消耗资源。箭线应画成水平直线、折线或斜线，单代号网络图中不设虚箭线。箭线水平投影的方向应自左向右，表达工作的进行方向，如图 4-15 所示。

2. 单代号网络图的绘制规则

（1）单代号网络图必须正确表达工作间的逻辑关系。

（2）单代号网络图中，严禁出现循环回路。

（3）单代号网络图中，严禁出现双向箭头或无箭头的连线。

（4）单代号网络图中，严禁出现没有箭尾节点或没有箭头节点的箭线。

（5）绘制单代号网络图时，箭线不宜交叉，当交叉不可避免时，可采用过桥法或指向法表示。

（6）单代号网络图应只有一个起始节点和一个终点节点。当网络图中有多个起始节点或多个终点节点时，应在网络图的两端标明开始节点或结束节点，作为该网络图的起始节点和终点节点，以避免出现多个起始节点或多个终点节点，如图 4-16 所示。

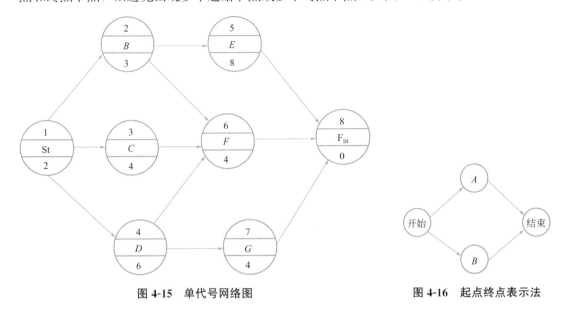

图 4-15　单代号网络图　　　　　　　图 4-16　起点终点表示法

4.2.5　双代号时标网络图的绘制

1. 双代号时标网络图的概念与特点

（1）时标网络计划：

以时间坐标为尺度编制的网络计划。

（2）特点：

1）清楚地标明计划的时间进程，便于使用。

2）直接显示各项工作的最早开始时间、最早完成时间、自由时差、关键线路。

3）易于确定同一时间的资源需要量。

2. 双代号时标网络计划的绘制原则

（1）先绘制时间坐标表（顶部或底部或顶底部均有时标，可加日历；时间刻度线用细线，也可不画或少画）。

（2）宜按最早时间绘制。

（3）实箭线表示工作，虚箭线表示虚工作，自由时差用波线。

3. 双代号时标网络计划的绘制步骤

（1）方法 1

双代号时标网络计划的绘制

先绘制一般双代号网络图并计算出时间参数，然后在时标计划表中按照先关键线路后非关键线路的顺序，绘时标网络图。

（2）方法 2

直接按草图在时标表上绘制。步骤如下：

1）从左到右按最早时间绘制，起点定在起始刻度线上。

2）按工作持续时间绘制节点外向箭线。

3）中间节点必须在其所有内向箭线全部绘出后，定位在最晚完成的实箭线箭头处。未到该节点者，用波线补足。

4）虚工作必须以垂直虚箭线表示，如果虚箭线两端的节点在水平方向上有距离，则用波线作为其水平连线。

【例 4-2】某装饰工程有 3 个楼层，划分为吊顶、顶墙涂料和铺木地板 3 个施工过程。其中每层吊顶确定为 3 周完成，顶墙涂料确定为 2 周完成，铺木地板确定为 1 周完成。按照图 4-17 绘制出双代号时标网络计划。

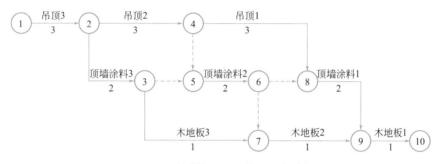

图 4-17　某装饰工程双代号网络计划

【解】绘制完成的某装饰工程时标网络计划如图 4-18 所示。

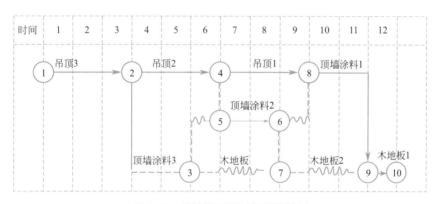

图 4-18　某装饰工程时标网络计划

4.3　网络计划时间参数的计算

4.3.1　双代号网络计划时间参数的计算

1. 双代号网络计划时间参数

（1）网络计划时间参数计算的目的：

1）计算工期 T_c（确定整个计划的完成日期）。

2）确定关键线路。

3）确定非关键工作的机动时间（为网络计划的执行、调整和优化提供依据）。

（2）网络计划的时间参数

1）工作的最早开始时间：是指各紧前工作全部完成后，本工作有可能开始的最早时刻，用 ES_{i-j} 表示。

2）工作的最早完成时间：是指各紧前工作全部完成后，本工作有可能完成的最早时刻，用 EF_{i-j} 表示。

3）工作的最迟开始时间：是指在不影响整个任务按期完成的前提下，工作必须开始的最迟时刻，用 LS_{i-j} 表示。

4）工作的最迟完成时间：是指在不影响整个任务按期完成的前提下，工作必须完成的最迟时刻，用 LF_{i-j} 表示。

5）工作的自由时差：是指在不影响其紧后工作最早开始时间的前提下，本工作可以利用的机动时间，用 FF_{i-j} 表示。

6）工作的总时差：是指在不影响总工期的前提下，本工作可以利用的机动时间，用 TF_{i-j} 表示。

7）工期：用 T 表示，在网络计划中工期一般有三种，计算工期（T_c）、要求工期（T_r）、计划工期（T_p）。

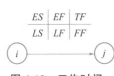

图 4-19　工作时间
参数表示

8）工作持续时间：用 D_{i-j} 表示。

工作时间参数的表示如图 4-19 所示。

2. 双代号网络计划时间参数计算

（1）时间计算法

1）工作最早时间及工期的计算

① 工作最早开始时间

工作最早开始时间，指各紧前工作全部完成后，本工作有可能开始的最早时刻。工作最早开始时间应从网络计划的起始节点开始，顺着箭线方向依次逐项计算。工作 i-j 的最早开始时间 ES_{i-j} 的计算方法如下：

以起始节点（$i=1$）为开始节点的工作的最早开始时间为零，即：$ES_{i-j}=0$；

当工作 i-j 只有一项紧前工作 h-j 时，其最早开始时间 ES_{i-j} 应为：$ES_{i-j}=ES_{h-i}+D_{h-i}$。

当工作 i-j 有多个紧前工作时，其最早开始时间 ES_{i-j} 为其所有紧前工作的最早完成时间的最大值，即：

$$ES_{i-j}=\max\{EF_{h-i}\} \tag{4-1}$$

计算口诀：沿线累加、逢圈取大。

② 工作最早完成时间的计算

工作最早完成时间，指各紧前工作完成后，本工作可能完成的最早时刻。工作 i-j 的最早完成时间 EF_{i-j} 应按下式进行计算：

$$EF_{i-j}=ES_{i-j}+D_{i-j} \tag{4-2}$$

③ 网络计划的工期计算与计划工期

网络计划计算工期 T_c 指根据时间参数计算得到的工期，应按下式计算：

$$T_c = \max\{EF_{i\text{-}n}\} \tag{4-3}$$

式中，$EF_{i\text{-}n}$ 为以终点节点（$j=n$）为结束节点的工作的最早完成时间。

网络计划的计划工作（T_p）按要求工期和按计算工期所确定的作为实施目标的工期。

当工期无要求时，$T_p = T_c$；

当工期有要求时，$T_p \leqslant T_r$。

在图 4-20 所示的双代号网络图中，计算其最早开始和最早完成时间。

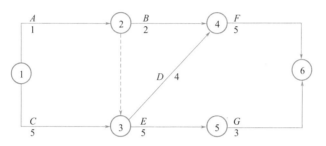

图 4-20　双代号网络图

各工作的最早开始时间和最早完成时间计算如图 4-21 所示。

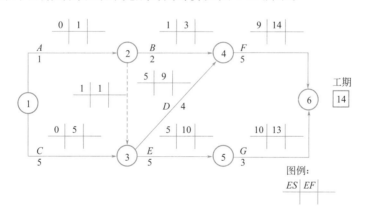

图 4-21　最早开始时间和最早完成时间计算图

本例中，未规定要求工期，则网络计划的计划工作为：

$$T_p = T_c = \max\{EF_{i\text{-}n}\} = \max\{14，13\} = 14$$

2）工作最迟时间的计算

① 工作最迟必须完成时间的计算

工作最迟必须完成时间，指在不影响整个工程任务的前提下，该工作必须完成的最迟时刻。工作最迟必须完成时间应从网络计划的终点节点开始，逆着箭线方向依次逐项用减法计算。工作 $i\text{-}j$ 的最迟必须完成时间 $LF_{i\text{-}j}$ 的计算方法如下：

以终点节点为结束节点的工作的最迟完成时间 $LF_{i\text{-}n}$ 应按网络计划的计划工期 T_p 确定，即：$LF_{i\text{-}n} = T_p$。

当该工作只有一项紧后工作时，该工作最迟必须完成时间应当为其紧后工作的最迟开始时间，即：$LF_{i\text{-}j} = LS_{j\text{-}k}$。

式中，工作 $j-k$ 为工作 $i-j$ 的紧后工作。

当该工作有若干紧后工作时：$LF_{i-j} = \min \{LS_{j-k}\}$。

计算口诀：逆线累减，逢圈取小。

② 工作最迟开始时间的计算

工作最迟开始时间，指在不影响整个任务按期完成的前提下，工作必须开始的最迟时刻。工作 $i-j$ 的最迟开始时间 LS_{i-j} 应按下式计算：

$$LS_{i-j} = LF_{i-j} - D_{i-j} \tag{4-4}$$

网络计划图 4-18 中的各项工作的最迟完成时间和最迟开始时间计算如图 4-22 所示。

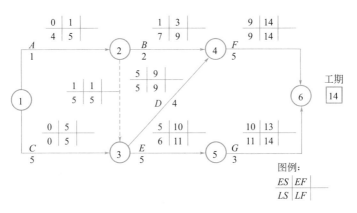

图 4-22 计算结果示意图

3）工作时差与关键线路

① 工作总时差

A. 总时差的计算

工作总时差，是指在不影响总工期的前提下可利用的时间，总时差按公式（4-5）计算。

$$TF_{i-j} = LS_{i-j} - ES_{i-j} = LF_{i-j} - EF_{i-j} \tag{4-5}$$

图 4-20 各项工作的总时差计算结果如图 4-23 所示。

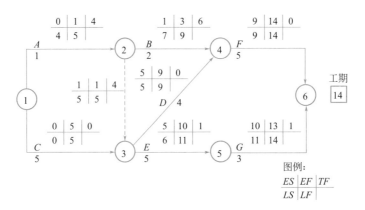

图 4-23 计算结果示意图

B. 当没有规定要求工期，即 $T_p = T_c$ 时，总时差的特性。

总时差为零的工作称为关键工作；

如果总时差为零则其他时差也为零；

总时差为其所在线路的所有工作共同拥有，其中任何一项工作都可部分或全部使用该线路的总时差。

② 关键线路的判定

A. 关键工作的确定

当 $T_p = T_c$ 时，总时差为"0"的工作为关键工作。图 4-19 中，C、D、F 为关键工作。

双代号网络计划关键工作和关键线路的确定方法

B. 关键线路的确定

在双代号网络图中，关键工作的连线为关键线路；当 $T_p = T_c$ 时，$TF = 0$ 的工作相连的线路为关键线路。

总时间持续最长的线路是关键线路，其数值为计算工期。根据图 4-21 确定关键线路如图 4-24 中红线所示。

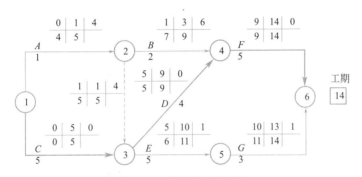

图 4-24　关键线路示意图

③ 工作自由时差的计算

工作自由时差，指在不影响其紧后工作最早开始时间的前提下，本工作可以利用的机动时间。

工作 $i\text{-}j$ 的自由时差 $FF_{i\text{-}j}$ 的计算应符合下列规定：

当工作 $i\text{-}j$ 有紧后工作 $j\text{-}k$ 时，其自由时差应为：

$$FF_{i\text{-}j} = ES_{j\text{-}k} - EF_{i\text{-}j} \tag{4-6}$$

以终点节点（$j = n$）为结束节点的工作，其自由时差为：

$$FF_{i\text{-}n} = T_p - EF_{i\text{-}n} \tag{4-7}$$

图 4-18 中的各项工作的自由时差计算如图 4-25 所示。

（2）节点计算法

所谓节点计算法，就是先计算网络计划中各个节点的时间参数，然后再据此计算各项工作的时间参数和网络计划的计算工期。计算中，一般用 ET_i 表示 i 节点的最早时间，用 LT_i 表示 i 节点的最迟时间；标注方法如图 4-26 所示。

1）计算节点的最早时间

节点最早时间指以该节点为开始节点的各项工作的最早开始时间。节点最早时间的计算应从网络计划的起始节点开始，顺着箭线方向依次进行。网络计划起始节点，如未规定

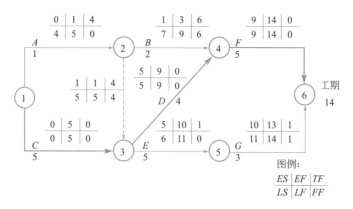

图 4-25 自由时差计算结果

最早时间，其值为零。终点节点 n 的最早时间 ET_n 就是网络计划的计算工期。节点 i 的最早时间 ET_i 的计算规定如下：

起始节点的最早时间如无规定，其值为零，即：$ET_i=0$。

当节点 j 只有一条内向箭线时，其最早时间：$ET_j=ET_i+D_{i\text{-}j}$。

当节点 j 有多条内向箭线时，其最早时间：$ET_j=\max\{ET_i+D_{i\text{-}j}\}$。

计算口诀：顺着箭头相加，逢箭头相遇取最大值。

以图 4-27 为例，计算各节点最早时间。

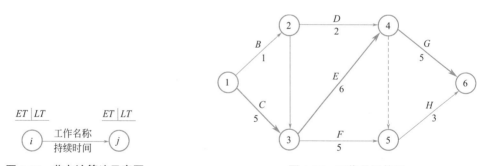

图 4-26 节点计算法示意图   **图 4-27 双代号网络图**

图 4-27 各节点最早时间计算结果如图 4-28 所示：

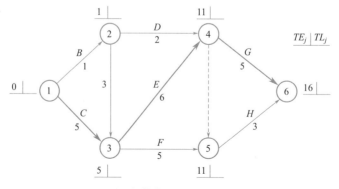

图 4-28 各节点最早时间计算结果

2）确定计算工期与计划工期

网络计划的计算工期等于网络计划终点节点的最早时间，若未规定要求工期，网络计划的计划工期应等于计算工期，即：$T_p = T_c = ET_n$。

3）计算节点的最迟时间

节点最迟时间，指以该节点为完成节点的各项工作的最迟完成时间。节点 i 的最迟时间 LT_i 应从网络计划的终点节点开始，逆着箭线方向逐个计算。

网络计划终点节点的最迟时间等于网络计划的计划工期，即：$LT_n = \min \{LT_j - D_{i-j}\}$。

计算口诀：逆箭头相减，逢箭头相遇取最小值。

图 4-27 所示网络图中各节点最迟时间计算结果如图 4-29 所示。

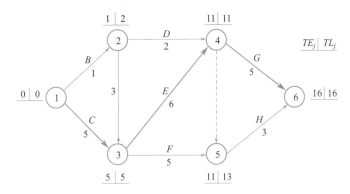

图 4-29　最迟时间计算结果

4）关键节点与关键线路

① 关键节点

在双代号网络计划中，关键线路上的节点称为关键节点。关键节点的最迟时间与最早时间的差值最小。当计划工期与计算工期相等时，关键节点的最迟时间必然等于最早时间。

在图 4-27 中，关键节点有 1、3、4、6。

② 关键工作

关键工作两端的节点必为关键节点，但两端为关键节点的工作不一定是关键工作。当计划工期与计算工期相等，利用关键节点判别关键工作时，必须满足 $LT_i + D_{i-j} = LT_j$，否则该工作就不是关键工作。

在图 4-27 中，工作 C、E、G 是关键工作。

③ 关键线路

双代号网络计划中，由关键工作组成的线路一定为关键线路，如图 4-25 所示，线路①→③→④→⑥为关键线路。

（3）标号法

1）标号法的基本原理

标号法是一种可以快速计算节点最早时间、工期和确定关键线路的方法。它利用节点计算法的基本原理，对网络图中的每一个节点进行双标号标注，其中右边标号为本节点最早时间，称为节点标号值，左边标号是以本节点为完成节点的工作的开始节点编号，称为源节点号。对网络计划中的每一个节点进行标号，然后从网络图的终点节点开始，利用标号值（节点的最早时间）的计算过程逆向溯源确定关键线路。

2）节点标号法的计算步骤

① 从左往右，确定各个节点的节点标号值。

网络图的第一个节点，即起始节点的节点标号值记为 0，即：$b_1=0$。

其余节点（如第 i 个节点）的节点标号值可以按照以本节点为完成节点的各项紧前工作的开始节点 h 的节点标号值与之对应持续时间求和再取最大值来获得，即：$b_i=\max \{(b_h+D_{h-i})\}$。

② 依照网络图结束节点的标号值确定网络计划的计算工期，即：$T_c=b_n$。

3）节点标号法应用实例

图 4-30 中各节点的时间参数的节点标号法计算结果如下：

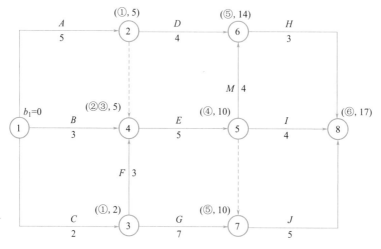

图 4-30　节点标号法计算结果

确定关键线路：从终点节点出发，以源节点号反跟踪到开始节点的线路为关键线路，图 4-30 关键线路如图 4-31 所示。

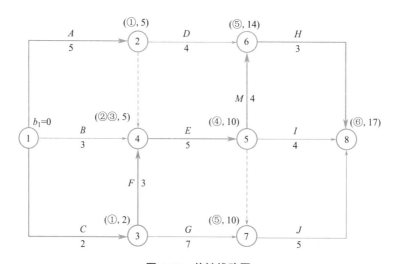

图 4-31　关键线路图

4.3.2　单代号网络计划时间参数的计算

1. 单代号网络计划时间参数的计算步骤

单代号网络计划各时间参数表示方法，如图 4-32 所示。

① 网络计划终点节点所代表工作的自由时差等于计划工期与本工作的最早完成时间之差。

（1）计算工作的最早开始时间和最早完成时间

工作最早开始时间和最早完成时间的计算应从网络计划的起始节点开始，顺着箭头方向按节点编号从小到大的顺序依次进行。

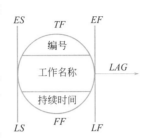

图 4-32　单代号网络计划
各时间参数表示方法

网络计划起始节点所代表的工作，其最早开始时间未规定时取值为零，即：$ES_1 = 0$。

工作的最早完成时间应等于本工作的最早开始时间与其持续时间之和，即：

$$EF_i = ES_i + D_i \qquad (4-8)$$

式中，EF_i——工作 i 的最早完成时间；

　　　ES_i——工作 i 的最早开始时间；

　　　D_i——工作 i 的持续时间。

其他工作的最早开始时间应等于其紧前工作最早完成时间的最大值，即：$ES_j = \max\{EF_i\}$ 或 $ES_j = \max\{ES_i + D_i\}$。

网络计划的计算工期等于其终点节点所代表的工作的最早完成时间，即：$T_c = EF_n$。

（2）计算相邻两项工作之间的时间间隔

相邻两项工作之间的时间间隔，是指其紧后工作的最早开始时间与本工作最早完成时间的差值，即：

$$LAG_{i,j} = ES_j - EF_i \qquad (4-9)$$

式中，$LAG_{i,j}$——工作 i 与其紧后工作 j 之间的时间间隔；

　　　ES_j——工作 i 的紧后工作 j 的最早开始时间；

　　　EF_i——工作 i 的最早完成时间。

（3）确定网络计划的计划工期

网络计划的计算工期 $T_c = EF_n$，假设未规定要求工期，则其计划工期就等于计算工期，即 $T_p = T_c = EF_n$。

（4）计算工作总时差

工作总时差的计算应从网络计划的终点节点开始，逆着箭线方向按节点编号，从大到小的顺序依次进行。

1）网络计划终点节点 n 所代表的工作的总时差应等于计划工期与计算工期之差，即：$TF_n = T_p - T_c$。

当计划工期等于计算工期时，该工作的总时差为零。

2）其他工作的总时差应等于本工作与其各紧后工作之间的时间间隔加该紧后工作的

总时差所得之和的最小值，即：$TF_i = \min\{TF_j + LAG_{i,j}\}$。

（5）计算工作的自由时差

1）若无紧后工作，其自由时差按下式计算：

$$FF_n = T_p - EF_n$$

2）其他工作的自由时差等于本工作与其紧后工作时间间隔的最小值，即：

$$FF_i = \min\{LAG_{i,j}\}$$

（6）计算工作的最迟完成时间和最迟开始时间

工作的最迟完成时间和最迟开始时间根据总时差计算。

1）工作的最迟完成时间等于本工作的最早完成时间与其总时差之和，即：

$$LF_i = EF_i + TF_i$$

2）工作的最迟开始时间等于本工作的最早开始时间与其总时差之和，即：

$$LS_i = ES_i + TF_i$$

2. 单代号网络计划关键线路的确定

（1）利用关键工作确定关键线路

如前所述，总时差最小的工作为关键工作。将这些关键工作相连，并保证相邻两关键工作的时间间隔为零而构成的线路就是关键线路。

（2）利用相邻两项工作之间的时间间隔确定关键线路

从网络计划的终点节点开始，逆着箭线方向依次找出相邻两工作的时间间隔为零的线路，该线路就是关键线路。

（3）利用总持续时间确定关键线路

在单代号网络计划中，线路上工作总持续时间最长的线路为关键线路。

【例 4-2】试计算图 4-33 所示单代号网计划的时间参数。

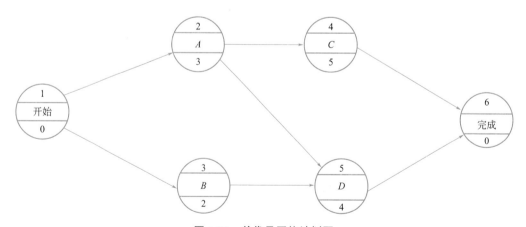

图 4-33　单代号网络计划图

【解】按照前述各时间参数计算公式，计算起时间参数结果如图 4-34 所示。

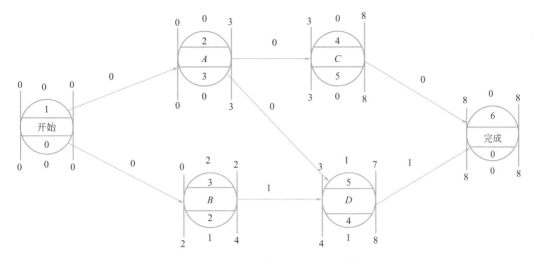

图 4-34　单代号网络计划时间参数计算结果

4.4 网络计划优化

网络计划的优化是在既定的约束条件下，为满足一定的要求，对网络计划进行不断检查、评价、调整和完善，以寻求最优网络计划的过程。网络计划的优化分为工期优化、费用优化和资源优化三种。费用优化又称为工期-成本优化、资源优化分为"资源有限，工期最短"和"工期固定，资源均衡"的优化。

4.4.1　工期优化

当计算工期大于要求工期时，压缩关键工作持续时间。在工作面允许、资源充足的情况下，通过从计划外增加资源，压缩关键工作的持续时间，以达到缩短工期的目的。

应保证关键工作持续时间被压缩后，仍为关键工作，即：原来的关键线路在被压缩后，仍为关键线路。在压缩关键线路后，非关键线路可能上升为关键线路，可能需要再次压缩新的关键线路，直至达到规定工期为止。

网络计划工期优化的步骤如下：

1. 计算工期并找出关键线路及关键工作。

2. 按要求工期计算应缩短的时间，即：

$$\Delta T = T_\mathrm{c} - T_\mathrm{r}$$

3. 确定各关键工作能缩短的持续时间。

缩短的持续时间≤（正常工作持续时间－最短工作持续时间）。

4. 选择关键工作，调整其持续时间，计算新工期。选择被压缩的关键工作时应考虑的因素：

（1）缩短持续时间，对质量、安全影响不大的工作。

（2）有充足备用资源的工作。

（3）所需增加费用最少的工作。

5. 工期仍不满足时，重复1～4步骤。

6. 当关键工作持续时间都已达到最短极限，仍不满足工期要求时，应调整方案或对要求工期重新审定。

【例4-3】对图4-35所示的初始网络计划实施工期进行优化。要求工期为48d。工作优先压缩顺序为D→H→F→C→E→A→G→B。

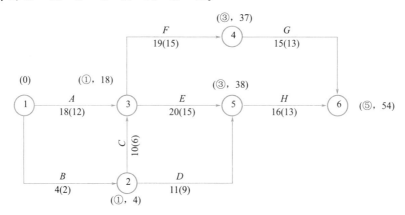

图4-35　初始网络计划

【解】1. 用标号法确定正常工期及关键线路。即：

$$b_1 = 0, \quad b_i = \max\{(b_h + D_{h\text{-}i})\}$$

计算工期为54天，找出关键线路为①→③→⑤→⑥，关键工作为A、E、H。

2. 应缩短工期为：

$$\Delta T = T_c - T_r = 54 - 48 = 6(\text{d})$$

3. 压缩关键工作

第一次压缩：在A、E、H三项关键工作中优先选择H进行压缩。压缩时间为2d。第一次压缩后工期为52d，第一次压缩后网络计划如图4-36所示。

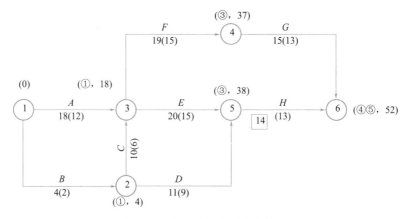

图4-36　第一次压缩后网络计划

第二次压缩：同时压缩两条关键线路，$\Delta T = 52 - 48 = 4$（d），工作 H、E 分别压缩 1d、3d；F 压缩 4d。工期满足要求。第二次压缩后网络计划如图 4-37 所示。

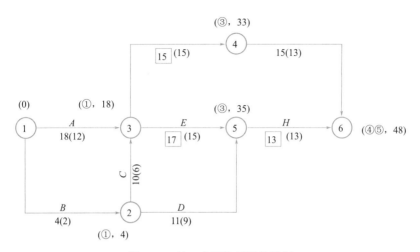

图 4-37　第二次压缩后网络计划

4.4.2　费用优化

费用优化又称工期成本优化，是指寻求工程总成本最低时的工期或按要求工期寻求最低成本的计划安排过程。

1. 费用和工期的关系（图 4-38）

$$工程总费用＝直接费用＋间接费用 \tag{4-10}$$

式中，直接费用—由人工费、材料费、机械费等组成；

间接费用—由施工组织费、管理费等组成。

工期缩短，单位时间内资源供应量增加，故直接费增加。间接费随工期缩短而减少，如图 4-39 所示。

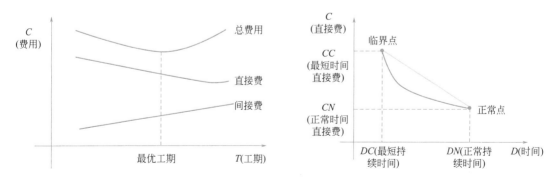

图 4-38　费用与工期关系曲线　　　　图 4-39　工作直接费用与持续时间关系曲线

为简化计算，工作的直接费用与持续时间之间的关系被近似地认为是一条直线关系。

工作的持续时间每缩短单位时间而增加的直接费用称为直接费用率，直接费用率可按下面的公式计算：

$$\Delta C_{i\text{-}j} = (CC_{i\text{-}j} - CN_{i\text{-}j})/(DN_{i\text{-}j} - DC_{i\text{-}j}) \tag{4-11}$$

式中，$\Delta C_{i\text{-}j}$——工作 $i\text{-}j$ 的直接费用率；

$\quad CC_{i\text{-}j}$——按最短（极限）持续时间完成工作 $i\text{-}j$ 时所需的直接费用；

$\quad CN_{i\text{-}j}$——按正常持续时间完成工作 $i\text{-}j$ 时所需的直接费用；

$\quad DN_{i\text{-}j}$——工作 $i\text{-}j$ 的正常持续时间；

$\quad DC_{i\text{-}j}$——工作 $i\text{-}j$ 的最短（极限）持续时间。

2. 费用优化的基本思路

不断在网络计划中找出直接费率（或组合直接费率）最小的关键工作，缩短其持续时间，同时考虑间接费用随工期缩短而减少的数值，最后求得总成本最低时的最优工期或按要求工期求得最低成本的计划安排。

3. 费用优化的步骤

（1）按工作正常持续时间确定关键线路和计算工期，计算总费用；

（2）计算各工作的直接费用率 $\Delta C_{i\text{-}j}$；

（3）找出直接费率最低的一项或一组关键工作作为压缩对象；

（4）压缩关键工作的工期；

（5）计算压缩后的总费用；

（6）重复 3、4 步骤，直至总费用最低。

压缩工期时注意事项：压缩关键工作的持续时间；不能把关键工作压缩成非关键工作；选择直接费用率或其组合（同时压缩几项关键工作时）最低的关键工作进行压缩，且其值应≤间接费率。

【例 4-4】已知某工程计划网络如图 4-40 所示，整个工程计划的间接费率为 0.35 万元/d，正常期时的间接费为 14.1 万元。试对此计划进行费用优化，求出费用最少的相应工期。

（1）计算各工作以正常持续时间施工时的计算工期，找出关键线路，如图 4-41 所示。

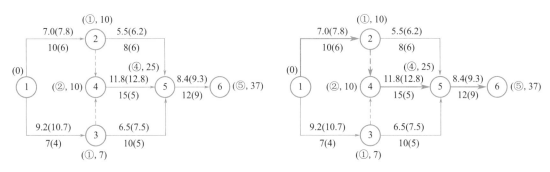

图 4-40 某工程计划网络　　　　图 4-41 关键线路示意图

（2）计算各工作的直接费用率 $\Delta C_{i\text{-}j}$，见表 4-2。

　　　　　　　　　　　　　表 4-2

工作代号	正常持续时间(d)	最短持续时间(d)	正常时间直接费(万元)	最短时间直接费(万元)	直接费用率(万元/d)
①→②	10	6	7.0	7.8	0.2
①→③	7	4	9.2	10.7	0.5
②→⑤	8	6	5.5	6.2	0.35
④→⑤	15	5	11.8	12.8	0.1
③→⑤	10	5	6.5	7.5	0.2
⑤→⑥	12	9	8.4	9.3	0.3

总费用＝7.0＋9.2＋5.5＋11.8＋6.5＋8.4＋14.1＝62.5（万元）。

（3）压缩工期

第一次工期压缩：选择工作④→⑤，压缩 7d，变为 8d；工期变为 30d，②→⑤也变为关键工作。第一次工期压缩后如图 4-42 所示。

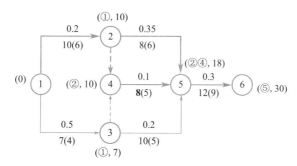

图 4-42　第一次工期压缩示意图

选择工作④→⑤，压缩 7d，变为 8d；计算一次压缩后的总费用：
$$C^{T'} = C^T + \Delta C_{i\text{-}j} \times \Delta T_{i\text{-}j} - \text{间接费用率} \times \Delta T_{i\text{-}j} \tag{4-12}$$

即第一次压缩后总费用＝62.5＋0.1×7－0.35×7＝60.75（万元）

式中，$C^{T'}$——压缩后的总费用；

　　C^T——总费用；

　　$\Delta C_{i\text{-}j}$——工作 $i\text{-}j$ 的直接费用率；

　　$\Delta T_{i\text{-}j}$——压缩时间。

第二次工期压缩：选择工作①→②，压缩 1d，变为 9d；工期变为 29d，①→③、③→⑤也变为关键工作。如图 4-43 所示。

计算压缩后的总费用：
$$C^{T'} = C^T + \Delta C_{i\text{-}j} \times \Delta T_{i\text{-}j} - \text{间接费用率} \times \Delta T_{i\text{-}j}$$
$$= 60.75 + 0.2 \times 1 - 0.35 \times 1 = 60.6 (万元)$$

第三次工期压缩：选择工作⑤→⑥，压缩 3d，变为 9d；工期变为 26d，关键工作没有变化。压缩后如图 4-44 所示。

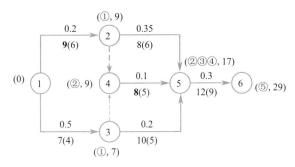

图 4-43　第二次工期压缩示意图

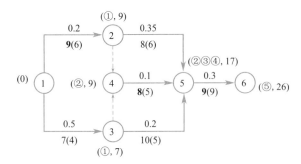

图 4-44　第三次工期压缩示意图

计算压缩后的总费用：

$$C^{T'} = C^T + \Delta C_{i\text{-}j} \times \Delta T_{i\text{-}j} - \text{间接费用率} \times \Delta T_{i\text{-}j}$$
$$= 60.6 + 0.3 \times 3\text{-}0.35 \times 3 = 60.45（万元）$$

第四次工期压缩：选择直接费用率最小的组合①→②和③→⑤，但其值为 0.4 万元/d，大于间接费率 0.35 万元/d，再压缩会使总费用增加。最优工期为 26d，其对应的总费用为 60.45 万元。

4.4.3　资源优化

1. 资源优化的概念

资源，是指完成一项计划任务所需投入的人力、材料、机械设备和资金等。施工过程就是消耗这些资源的过程，编制网络计划必须解决资源供求矛盾，实现资源的均衡利用，以保证工程项目的顺利建设，并取得良好的经济效益。资源优化的目的是通过改变工作的开始时间和完成时间，使资源消耗均衡并且不超出日最大供应量的限定指标。

2. 资源优化的目的、方法以及条件

目的：资源得到合理地分配和使用，工期合理。

方法：资源有限时，寻求最短工期；工期已定时，力求资源均衡。

条件：网络图中逻辑关系确定；各项工作资源需要量已知；时差已找出。

3. "资源有限—资源优化"共有两种情况

（1）"资源有限，工期最短"的优化

"资源有限，工期最短"的优化是指在物资资源供应有限制的条件下，要求保持网络计划各工作之间先后顺序关系不变，寻求整个计划工期最短的方案。

（2）"工期固定、资源均衡"的优化

安排建设工程进度计划时，需要使资源需用量尽可能地均衡，使整个工程每单位时间的资源需用量不出现过多的高峰和低谷，这样不仅有利于工程建设的组织与管理，而且可以降低工程费用。

4. "工期固定，资源均衡"问题

（1）目的：使资源需要量尽量趋于平均水平，减少波动。

（2）方法：削高峰法、方差值最小法、极差值最小法等。

（3）方差值最小法的步骤：

1）按最早开始时间绘制时标网络计划，并计算每天资源需要量；

2）自后向前，按照非关键工作由最早开始时间由迟到早的顺序，逐个移动有机动时间的工作。

某工作能否移动的判别条件是：

① 右移一个时间单位时：$R_i \geqslant R_{j+1} + r_{i\text{-}j}$；

② 右移 K 天时：$\sum\limits_{m=0}^{k-1} R_{i+m} \geqslant \sum\limits_{n=m+1}^{k} (R_{j+n} + r_{i\text{-}j})$。

将所有可以移动的工作向右移动一次后，再进行第二次移动，直至所有的工作不能向右移动为止。

【例 4-5】 某工程网络图如图 4-45 所示，箭线上方的数字为作业时间，下方括号内数字为某种资源日消耗量。试对此网络计划进行"工期固定，资源均衡"的优化。

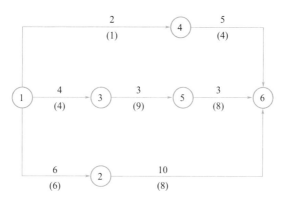

图 4-45　某工程网络图

（1）绘制该网络计划的时标网络图，确定关键工作，统计每天资源需要量。如图 4-46 所示。

（2）第一次调整，即工作⑤→⑥。调整后如图 4-47 所示。

（3）第二次调整，即工作④→⑥。调整后如图 4-48 所示。

（4）第三次调整，即工作③→④，调整后资源优化完成。如图 4-49 所示。

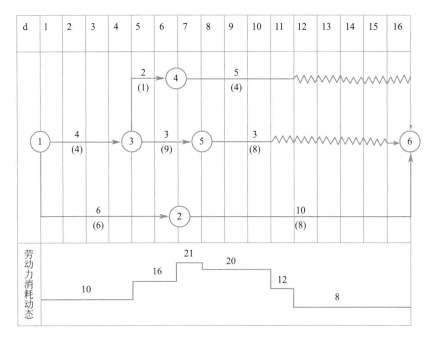

图 4-46　时标网络图

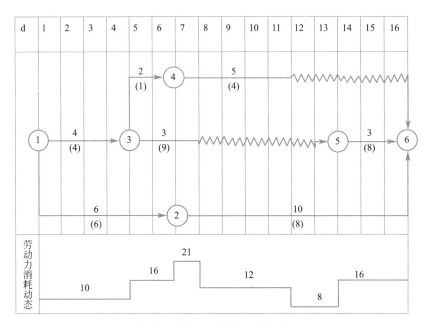

图 4-47　第一次调整时标网络图

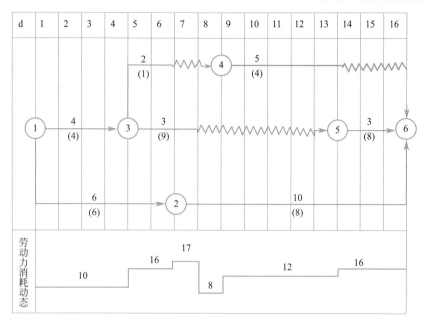

图 4-48　第二次调整时标网络图

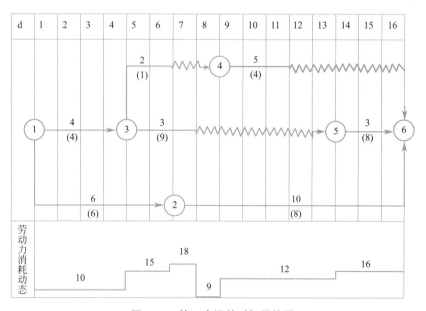

图 4-49　第三次调整时标网络图

单元小结

　　网络计划方法的基本原理是首先绘制工程施工网络图，以此表达计划中各工作先后顺序的逻辑关系；然后通过计算找出关键工作及关键线路；接着就选定目标不断改善计划安排，选择优化方案，并付诸实施；最后在执行过程中进行有效的控制和监督。

掌握网络图绘制的基本组成：工作（箭线）、节点、线路，掌握网络图正确的绘图方式，了解时标网络图的绘制方法。

掌握网络图时间参数的计算规则，区分工作计算法、节点计算法、节点标号法的计算方法和单代号网络图的时间参数计算。

掌握网络图优化中注意工期优化、费用优化和资源优化的优化步骤，直至形成最终优化方案。

思考及练习 🔍

一、简述题

1. 什么是网络计划方法？其表示方法有哪几种？

2. 网络图与横道图比较具有哪些优缺点？

3. 双代号网络图中，虚工作怎样表示，其作用是什么？

4. 何谓关键线路？判断方法？它有何特点？

5. 什么是时差？时差有几种类型？

6. 双代号网络图绘图规则有哪些？

7. 时标网络图有何特点？绘制步骤是什么？

8. 网络计划优化的原理是什么？有哪些内容？

9. 试述总时差在实际工程施工中的意义和作用。

10. 简述网络计划工期优化的方法。

二、选择题

1. 双代号网络图的三要素是指（　　）。

A. 节点、箭杆、工作作业时间

B. 紧前工作、紧后工作、关键线路

C. 工作、节点、线路

D. 工期、关键线路、非关键线路

2. 利用工作的自由时差，其结果是（　　）。

A. 不会影响紧后工作，也不会影响工期

B. 不会影响紧后工作，但会影响工期

C. 会影响紧后工作，但不会影响工期

D. 会影响紧后工作和工期

3. 下列（　　）说法是错误的。

A. 总时差为零的工作是关键工作

B. 由关键工作组成的线路是关键线路

C. 总时差为零，自由时差一定为零

D. 自由时差是局部时差，总时差是线路性时差

4. 下列（　　）说法是错误的。

A. 任何工程都有规定工期、计划工期和计算工期

B. 计划工期可以小于规定工期

C. 计划工期可以等于规定工期

D. 计划工期有时可等于计算工期

5. （　　），会出现虚箭线。

A. 当只有相同的紧后工作时

B. 当只有不相同的紧后工作时

C. 既有相同，又有不相同的紧后工作时

D. 不受约束的任何情况

6. 网络计划的缺点是（　　）。

A. 不能反映工作问题的逻辑　　　　　B. 不能反映出关键工作

C. 计算资源消耗量不便　　　　　　　D. 不能实现电算化

7. 某项工作有两项紧后工作 C、D，最迟完成时间：$C=20d$，$D=15d$，工作持续时间：$C=7d$，$D=12d$，则本工作的最迟完成时间是（　　）。

A. 13d　　　　　　B. 3d　　　　　　C. 8d　　　　　　D. 15d

8. 双代号网络图中的虚工作（　　）。

A. 既消耗时间，又消耗资源　　　　　B. 只消耗时间，不消耗资源

C. 既不消耗时间，又不消耗资源　　　D. 不消耗时间，只消耗资源

9. 下列有关虚工序的错误说法是（　　）。

A. 虚工序只表示工序之间的逻辑关系

B. 混凝土养护可用虚工序表示

C. 只有双代号网络图中才有虚工序

D. 虚工作一般用虚箭线表示

10. 网络计划中，工作最早开始时间应为（　　）。

A. 所有紧前工作最早完成时间的最大值

B. 所有紧前工作最早完成时间的最小值

C. 所有紧前工作最迟完成时间的最大值

D. 所有紧前工作最迟完成时间的最小值

11. 某项工作有两项紧后工作 C、D，最迟完成时间：$C=30d$，$D=20d$，工作持续时间：$C=5d$，$D=15d$，则本工作的最迟完成时间是（　　）。

A. 3d　　　　　　B. 5d　　　　　　C. 10d　　　　　　D. 15d

12. 一般情况下，主要施工过程的流水节拍应是其他各施工工程流水节拍的（　　）。

A. 最大值　　　　B. 最小值　　　　C. 平均值　　　　D. 代数和

13. 关于自由时差和总时差，下列说法中错误的是（　　）。

A. 自由时差为零，总时差必定为零

B. 总时差为零，自由时差必为零

C. 不影响总工期的前提下，工作的机动时间为总时差

D. 不影响紧后工序最早开始的前提下，工作的机动时间为自由时差

14. 某工程网络计划在执行过程中，某工作实际进度比计划进度拖后 5d，影响工期 2d，则该工作原有的总时差为（　　）。

A. 2d   B. 3d   C. 5d   D. 7d

15. 如果 A、B 两项工作的最早开始时间分别为 6d 和 7d，它们的持续时间分别为 4d 和 5d，则它们共同紧后工作 C 的最早开始时间为（   ）。

A. 10d   B. 11d   C. 12d   D. 13d

16. 某工程计划中 A 工作的持续时间为 5d，总时差为 8d，自由时差为 4d。如果 A 工作实际进度拖延 13d，则会影响工程计划工期（   ）。

A. 3d   B. 4d   C. 5d   D. 10d

三、绘图题

1. 某工程由九项工作组成，它们之间的网络逻辑关系如下表所示，试绘制双代号网络图。

工作名称	前导工作	后续工作	持续时间（d）
A	—	B、C	3
B	A	D、E	4
C	A	F、D	6
D	B、C	G、H	8
E	B	G	5
F	C	H	4
G	D、E	I	6
H	D、F	I	4
I	G、H	—	5

2. 某工程由九项工作组成，它们的持续时间和网络逻辑关系如下表所示，试绘制双代号网络图。

工作名称	前导工作	后续工作	持续时间（d）
A	—	D	4
B	—	D、E、H	6
C	—	F、D、G	6
D	A、B、C	I	5
E	B	—	8
F	C	—	3
G	C	I	5
H	B	I	4
I	D、H、G	—	9

3. 某工程由九项工作组成，各项工作之间的相互制约、相互依赖的关系如下表所示，根据下图绘制出双代号网络计划。

工作	A	B	C	D	E	G	H	I	J	K
紧前工作	—	A	A	A	B	A、B、C	D	E、G	H、G	I、J
时间	1	6	6	5	3	2	1	2	1	3

4. 根据双代号逻辑网络计划，绘制出时标网络计划图。

工作	A	B	C	D	E	F	G	H	I
紧前工作	—	—	—	A	A、B	A、B、C	D、E	E	E、F
时间	2	3	2	2	2	3	1	2	2

四、计算题

1. 计算图示双代号网络图的各项时间参数。

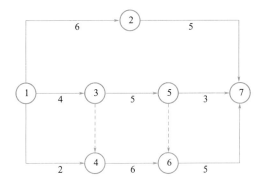

2. 某网络计划的有关资料见下表，试绘制双代号网络图，并计算各项工作的时间参数，判定关键线路。

工作	A	B	C	D	E	F	G	H	I
紧前工作	—	A	A	B	B、C	C	D、E	E、F	H、G
时间	3	3	3	2	4	1	3	2	2

教学单元5
施工组织总设计的编制

 教学目标

1. 知识目标：

了解施工组织总设计的编写依据、原则和程序；理解施工组织总设计的编制方法；熟悉施工平面布置要求；掌握横道图编制步骤及编制要求。

2. 能力目标：

具备能根据工作要求独立完成工程概况、施工方案、施工进度计划、资源需用量计划及施工平面布置图的绘制能力。

3. 素质目标：

按照课程思政的新要求，将课程教学目标的教育性、知识性、技能性相交融，将学生专业技能培训与激发个人理想、社会责任感有机结合，在教学过程中体现课程科学素养与人文素养，使专业课承载正确的职业观、成才观，将课程的教育性提升到思政教育的高度，使学生养成正确人生观、价值观。

思维导图

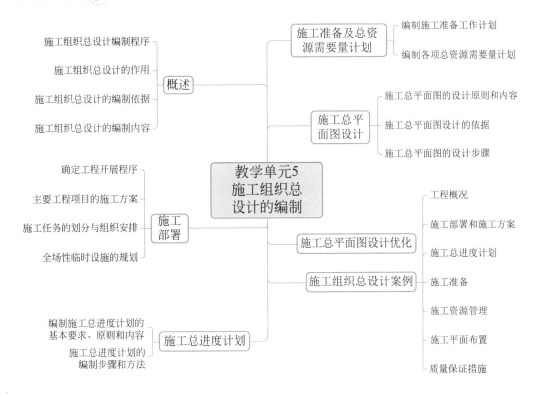

5.1 施工组织总设计编制概述

施工组织总设计是以一个建设项目或建筑群为对象，根据初步设计或扩大初步设计图纸以及其他有关资料和现场施工条件编制，用以指导整个施工现场各项施工准备和组织施工活动的技术经济文件。一般由建设总承包单位或工程项目经理部的总工程师编制。

5.1.1 施工组织总设计编制程序

1. 熟悉有关文件，如计划批准文件、设计文件等。
2. 进行施工现场调查研究，了解有关基础资料。
3. 分析整理调查了解的资料，初步确定施工部署。
4. 听取建设单位、监理单位及有关方面意见，修正施工部署。
5. 估算工程量。
6. 编制工程总进度计划。
7. 编制材料、预制品加工件等用量计划及其加工、运输计划。
8. 编制劳动力、施工机具、设备等用量计划及进退场计划。

9. 编制施工临时用水、用电、用气及通信计划等。

10. 编制施工临时设施计划。

11. 编制施工总平面布置图。

12. 编制施工准备工作计划。

13. 计算技术经济效果。

施工组织总设计编制程序框架图如图 5-1 所示。

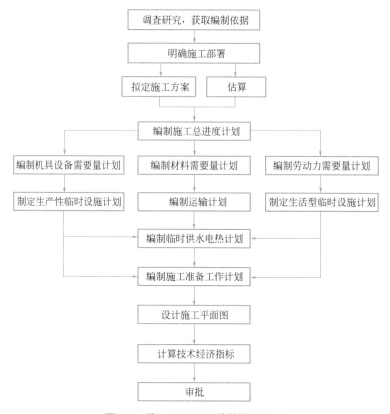

图 5-1　施工组织总设计的编制程序

由编制程序可以看出，编制施工组织总设计时，首先要从全局出发，对建设地区的自然条件、技术经济情况、物资供应与消耗、工期等情况进行调查研究，找出主要矛盾和薄弱环节，重点解决。其次，在此基础上合理安排施工总进度计划，进行物资、技术、施工等各方面的准备工作；编制相应的劳动力、材料、机具设备、运输量、生产生活临时需要量等需要计划；确定各种机械入场时间和数量；确定临时水、电、热计划。最终编制施工准备工作计划和设计施工总平面图，并进行技术经济指标计算。

5.1.2　施工组织总设计的作用

施工组织总设计的作用有以下几点：

1. 为建设项目或建筑群体工程施工阶段做出全局性的战略部署。

2. 为做好施工准备工作，保证资源供应提供依据。

3. 为组织全工地性施工业务提供科学方案和实施步骤。

4. 为施工单位编制工程项目生产计划和单位工程施工组织设计提供依据。

5. 为业主编制工程建设计划提供依据。

6. 为确定设计方案的施工可行性和经济合理性提供依据。

5.1.3　施工组织总设计的编制依据

1. 设计文件及有关资料。主要包括：建设项目的初步设计、扩大初步设计或技术设计的有关图纸、设计说明书、建筑区域平面图、建筑总平面图、建筑竖向设计、总概算或修正概算等。

2. 计划文件及有关合同。主要包括：国家批准的基本建设计划、可行性研究报告、工程项目一览表、分期分批施工项目和投资计划；地区主管部门的批件、施工单位上级主管部门下达的施工任务计划；招标投标文件及签订的工程承包合同；工程材料和设备的订货指标；引进材料和设备供货合同等。

3. 工程勘察和技术经济资料。建设地区的工程勘察资料包括：地形、地貌、工程地质及水文地质、气象等自然条件。建设地区技术经济条件资料包括：可能为建设项目服务的建筑安装企业、预制加工企业的人力、设备、技术和管理水平；工程材料的来源和供应情况；交通运输情况，水、电供应情况；商业和文化教育水平和设施情况等。

4. 国家现行的施工及验收规范、操作规程、定额、技术规定和技术经济指标。

5. 类似建设项目的施工组织总设计和有关总结资料。

5.1.4　施工组织总设计的编制内容

1. 工程概况和工程特点分析：工程概况和特点分析是对整个建设项目的总说明和分析，一般应包括以下内容：

施工组织总设计内容

（1）建设项目主要情况。主要包括：工程性质、建设地点、建设规模、总占地面积、总建筑面积、总工期、分期分批投入使用的项目和工期；主要工种工程量、设备安装及其吨数；总投资额、建筑安装工作量、工厂区和生活区的工作量；生产流程和工艺特点；建筑结构类型，新技术、新材料的复杂程度和应用情况等。

（2）建设地区的自然条件和技术经济条件。主要包括：气象、地形地貌、水文、工程地质和水文地质情况；地区的施工能力、资源供应情况、交通和水电等条件。

（3）建设单位或上级主管部门对施工的要求。

（4）其他方面，如土地征用范围、居民搬迁情况等与建设项目施工有关的主要情况。

在对上述情况进行综合分析的基础上，提出施工组织总设计中的施工部署、施工总进度计划和施工总平面图等需要注意和解决的重大问题。

2. 施工部署和施工方案。

3. 施工总进度计划。

4. 施工总平面图。

5. 技术经济指标。

5.2 施工部署

施工部署
主要内容

施工部署是对整个建设项目全局作出的统筹规划和全面安排，主要解决影响建设项目全局的重大施工问题。

施工部署所包括的内容，因建设项目的性能、规模和各种客观条件的不同而不同。一般应考虑的主要内容有：确定工程开展程序、主要工程项目的施工方案、施工任务的划分与组织安排、全场性临时设施的规划等内容。

5.2.1 确定工程开展程序

确定施工开展程序时，应主要考虑以下几点：

1. 在保证工期的前提下，实行分期分批施工。这样既能使各具体项目迅速建成，尽早投入使用，又能在全局上实现施工的连续性和均衡性，减少暂设工程数量，降低工程成本。

为了尽快发挥基本建设投资效果，对于大中型工业建设项目，一般均需根据建设项目总目标的要求，在保证工期的前提下分期分批建设。至于分期施工，各期工程包含哪些项目，则要根据生产工艺要求，建设单位或业主要求，工程规模大小和施工难易程度，资金、技术资料等情况，由建设单位或业主和施工单位共同研究确定。

对于大中型的民用建设项目（如居民小区），一般亦应按年度分批建设。除考虑住宅以外，还应考虑幼儿园、学校、商店和其他公共设施的建设，以便交付使用后能保证居民的正常生活。

对于建设项目中工程量小、施工难度不大、周期较短而又不急于使用的辅助项目，可以考虑与主体工程相配合，作为平衡项目穿插在主体工程的施工中进行。

2. 划分分期分批施工的项目时，应统筹安排各类项目施工，保证重点，兼顾其他，确保工程项目按期投产。按照各工程项目的重要程度，应优先安排的工程项目是：

（1）按生产工艺要求，须先期投入生产或起主导作用的工程项目。

（2）工程量大、施工难度大、工期长的项目。

（3）运输、动力系统，如厂区内外道路、铁路和变电站等。

（4）生产上需先期使用的机修、办公楼及部分家属宿舍等。

（5）供施工使用的工程项目，如采砂（石）场、木材加工厂、各种构件加工厂、混凝土搅拌站等施工附属企业及其他为施工服务的临时设施。

3. 所有工程项目均应按照先地下后地上、先深后浅、先干线后支线的原则进行安排。如地下管线和修筑道路的程序，应该先铺设管线，后在管线上修筑道路。

4. 要考虑季节对施工的影响。例如大规模土方工程和深基础施工，最好避开雨季。寒冷地区入冬以后最好封闭房屋并转入室内作业和设备安装。

5.2.2　主要工程项目的施工方案

施工组织总设计中要拟订定一些主要工程项目的施工方案。这些项目通常是建设项目中工程量大、施工难度大、工期长，对整个建设项目的完成起关键性作用的建（构）筑物，以及全场范围内工程量大、影响全局的特殊分项工程。

拟订主要工程项目的施工方案，其目的是进行技术和资源的准备工作，同时也为了施工进程的顺利开展和现场的合理布置。其内容包括：确定施工方法、施工工艺流程、施工机械设备等。对施工方法的确定要兼顾技术工艺的先进性和经济上的合理性；对施工机械的选择，应使主导机械的性能既能满足工程的需要，又能发挥其效能，在各个工程上能够实现综合流水作业，减少其拆、装、运的次数；对于辅助配套机械，其性能应与主导施工机械相适应，以充分发挥主导施工机械的工作效率。

由于机械化施工是实现现代化施工的前提，因此，在拟订主要建筑物施工方案时，应注意按以下几点考虑确定机械化施工总方案的问题：

1. 所选主导施工机械的类型和数量既能满足工程施工的需要，又能充分发挥其效能，并能在各工程上实现综合流水作业。

2. 各种辅助机械或运输工具应与主导机械的生产能力协调配套，以充分发挥主导机械效率。如土方工程在采用汽车运土时，汽车的载重量应为挖土机斗容量的整倍数，汽车的数量应保证挖土机连续工作。

3. 在同一工地上，应力求使建筑机械的种类和型号尽可能少一些，以利于机械管理；尽量使用一机多能的机械，提高机械使用率。

4. 机械选择应考虑充分发挥施工单位现有机械的能力，当本单位的机械能力不能满足工程需要时，则应购置或租赁所需机械。

5. 所选机械化施工总方案应是技术上先进和经济上合理的。

另外，对于某些施工技术要求高或比较复杂、技术先进或施工单位尚未完全掌握的分部分项工程，应提出原则性的技术措施方案。

5.2.3　施工任务的划分与组织安排

在明确施工项目管理体制、机构的条件下，划分各参与施工单位的工作任务，明确总包与分包的关系，建立施工现场统一的组织领导机构及职能部门，确定综合的和专业化的施工组织，明确各单位之间分工与协作的关系，划分施工阶段，确定各单位分期分批的主攻项目和穿插项目。

5.2.4　全场性临时设施的规划

根据施工开展程序和主要工程项目施工方案，编制好施工项目全场性的施工准备工作计划。主要内容包括：

1. 安排好场内外运输，施工用主干道，水、电、气来源及其引入方案。

2．安排场地平整方案和全场性排水、防洪方案。

3．安排好生产和生活基地建设，包括商品混凝土搅拌站，预制构件厂，钢筋、木材加工厂，金属结构制作加工厂，机修厂等。

4．安排建筑材料、成品、半成品的货源和运输、储存方式。

5．安排现场区域内的测量工作，设置永久性测量标志，为放线定位做好准备。

6．编制新技术、新材料、新工艺、新结构的试制试验计划和职工技术培训计划。

7．冬、雨期施工所需的特殊准备工作。

5.3 施工总进度计划

根据建设项目的综合计划要求和施工条件，以拟建工程的投产和交付使用时间为目标，按照合理的施工顺序和日程安排的工程施工计划，称为施工总进度计划。施工总进度计划是施工现场施工活动在时间上的体现。施工总进度计划的作用在于确定各单位工程、准备工程和全工地性工程的施工期限及其开竣工日期，确定各项工程施工的衔接关系，从而确定：建筑工地上的劳动力、材料、半成品、成品的需要量和调配情况；附属生产企业的生产能力；建筑职工居住房屋的面积；仓库和堆场的面积；供水、供电和其他动力的数量等。

5.3.1 编制施工总进度计划的基本要求、原则和内容

1. 编制施工总进度计划的基本要求

编制施工总进度计划的基本要求是：保证拟建工程在规定的期限内完成，迅速发挥投资效益，保证施工的连续性和均衡性；施工总进度计划应按照项目总体施工部署的安排进行编制；施工总进度计划可采用网络图或横道图表示，并附必要的说明。

2. 施工总进度计划的编制原则

（1）合理安排施工顺序，保证在人力、物力、财力消耗最少的情况下，按规定工期完成施工任务。

（2）采用合理的施工组织方法，使建设项目的施工保持连续、均衡、有节奏地进行。

（3）在安排年度工程任务时，要尽可能按季度均匀分配基本建设投资。

3. 施工总进度计划的内容

施工总进度计划的内容应包括：编制说明，施工总进度计划表（图），分期（分批）实施工程的开、竣工日期及工期一览表，资源需要量及供应平衡表等。

5.3.2 施工总进度计划的编制步骤和方法

1. 列出工程项目一览表并计算工程量

首先根据建设项目的特点划分项目，由于施工总进度计划主要起控制性作用，因此项目划分不宜过细，通常按照分期分批投产顺序和工程开展顺序

列出工程项目一览表，并突出每个交工系统中的主要工程项目；然后按初步设计（或扩大初步设计）图纸，并根据各种定额手册或有关资料计算工程量。可根据下列定额、资料，选取一种进行计算：

（1）万元、十万元投资工程量，劳动力及材料消耗扩大指标。这种定额规定了某种结构类型建筑，每万元或十万元投资中劳动力、主要材料等消耗数量。根据设计图纸中的结构类型，即可估算出拟建工程各分项需要的劳动力和主要材料消耗数量。

（2）概算指标或扩大结构定额。这两种定额都是在预算定额基础上的进一步扩大，概算指标是以建筑物每立方米体积为单位，扩大结构定额则以每平方米建筑面积为单位。查定额时，首先查阅与本建筑结构类型、跨度、层数、高度相类似的部分；然后查出这种建筑物按定额单位所需的劳动力和各项主要建筑材料的消耗数量，从而便可求得拟计算的建筑物所需的劳动力和材料的消耗数量。

（3）标准设计或已建的类似建筑物、构筑物的资料。在缺少上述几种定额手册的情况下，可采用标准设计或已建成的类似工程实际所消耗的劳动力和材料加以类推，按比例估算。但是，由于和拟建工程完全相同的已建工程是极为少见的，因此，在采用已建工程资料时，一般都要进行换算调整。这种消耗指标都是各单位多年积累的经验数字，实际工作中常用这种方法计算。

除了房屋外，还必须计算全工地性工程的工程量，如场地平整的土石方工程量、道路及各种管线长度等，这些可根据建筑总平面图来计算。

2. 确定各单位工程的施工期限

建筑物的施工期限，随着各施工单位的机械化程度、施工技术和施工管理的水平、劳动力和材料供应情况等不同，而有很大差别。因此，应根据各施工单位的具体条件，并考虑建筑物的类型、结构特征、体积大小和现场环境等因素加以确定。此外，也可参考有关的工期定额来确定各单位工程的施工期限。工期定额是根据我国有关部门多年来的建设经验，在调查统计的基础上，经分析比对后制定的，是签订承发包合同和确定工期目标的依据。

3. 确定各单位工程的开竣工时间和搭接关系

在施工部署中已经确定了工程的开展程序，但对每期工程的每一个单位工程开竣工时间和各单位工程间的搭接关系，需要在施工总进度计划中予以考虑确定。通常，解决这一问题主要考虑下列因素：

（1）保证重点，兼顾一般。在安排进度时，要分清主次，抓住重点，同一时期施工的项目不宜过多，以免人力、物力分散。

（2）满足连续、均衡施工要求。在安排施工进度时，应尽量使各种施工人员、施工机械在全工地内连续施工，同时尽量使劳动力和材料、机械设备消耗在全工地内均衡，避免出现突出的高峰和低谷，以利于劳动力的调度和原材料供应。

（3）要满足生产工艺要求。要根据工艺所确定的分期分批建设方案，合理安排各个建筑物的施工顺序，使土建施工、设备安装和试生产在时间上、量的比例上均衡、合理，以缩短建设周期，尽快发挥投资效益。

（4）认真考虑施工总平面图的布置。

（5）合理安排施工顺序。在施工顺序上，应本着先地下后地上、先深后浅、先地下管线后筑路的原则，使进行主要工程所必需的准备工作能够及时完成。

（6）全面考虑各种条件的限制。在确定各建筑物施工顺序时，还应考虑各种客观条件的限制，如施工企业的施工力量，原材料、机械设备的供应情况，设计单位出图的时间，投资数量等对工程施工的影响。

（7）考虑气候条件，合理安排施工项目，尽可能减少冬期、雨期施工的附加费用。

4. 安排施工总进度计划

施工总进度计划可用横道图或网络图表达。由于施工总进度计划只是起控制性作用，而且施工条件多变，因此，不必考虑得很细致。当用横道图表达总进度计划时，项目的排列 可按施工总体方案所确定的工程开展程序排列。横道图上应表达出各施工项目的开竣工时间及其施工持续时间。网络图中关键工作、关键线路、逻辑关系、持续时间和时差等信息一目了然。横道图的表格格式如表 5-1 所示。

施工总进度计划表   表 5-1

序号	工程名称	建筑面积（m²）	结构形式	工作量（万元）	工作天数	施工进度计划							
						20××年				20××年			
						一季度	二季度	三季度	四季度	一季度	二季度	三季度	四季度

对于跨年度的工程，通常第一年进度按月安排，第二年及以后各年按月或季安排。

5. 施工总进度计划的调整和修正

施工进度安排好以后，把同一时期各项单位工程的工作量加在一起，用一定的比例画在总进度表的底部，即可得出建设项目的工作量动态曲线。根据动态曲线可以大致判断各个时期的工程量情况。如果在曲线上存在着较大的低谷或高峰，则需要调整个别单位工程的施工速度或开竣工时间，以便消除低谷或高峰，使各个时期的工作量尽量达到均衡。

在编制了各个单位工程的施工进度以后，有时需要对施工总进度计划进行必要的调整。在实施过程中，也应随着施工的进展及时作必要的调整；对于跨年度的建设项目，还应根据年度国家基本建设投资情况，对施工进度计划予以调整。

5.4　施工准备及总资源需要量计划

施工总进度计划编制以后，就可以编制施工准备工作计划和各项总资源需要量计划。

5.4.1　编制施工准备工作计划

施工准备工作是为了创造有利的施工条件，保证施工任务能够顺利完成。总体施工准备应包括技术准备、现场准备和资金准备等。技术准备、现场准备和资金准备应满足项目分阶段（期）施工的需要。

1. 技术准备

技术准备主要包括技术力量配备、审查设计图纸、技术文件的编制、办理开工手续等方面。

2. 现场准备

现场准备工作的主要内容是：

（1）及时做好施工现场补充勘测，了解拟建工程位置的地下有无暗沟、墓穴等。

（2）砍伐树木，拆除障碍物，平整场地。

（3）铺设临时施工道路，接通施工临时用供水、供电管线。

（4）做好场地排水、防洪设施。

（5）搭设仓库、工棚和办公、生活等施工临时用房屋。

3. 资金准备

资金准备主要包括：落实建设资金，办理建筑构件、配件及材料的购买和委托加工手续，组织机械设备和模具等的进场等。

5.4.2　编制各项总资源需要量计划

各项总资源需要量计划是做好劳动力及物资的供应、平衡、调度、落实的依据，其内容一般包括以下几个方面：

1. 劳动力需要量计划

首先根据工程量汇总表中列出的各主要实物工程量查套预算定额或有关经验资料，便可求得各个建筑物主要工种的劳动量，再根据总进度计划中各单位工程分工种的持续时间即可求得某单位工程在某段时间内的平均劳动力数。按同样的方法可计算出各个建筑物各主要工种在各个时期的平均工人数。将总进度计划表纵坐标方向上各单位工程同工种的人数叠加在一起并连成一条曲线，即成为某工种的劳动力动态图。根据劳动力动态图可列出主要工种劳动力需要量计划表，如表 5-2 所示。劳动力需要量计划是确定临时工程和组织劳动力进场的依据。

劳动力需要量计划表　　　　　　　　　　　表 5-2

序号	工程名称	施工高峰需要人数	20××年				20××年				现有人数	多余（+）或不足（-）
			一季度	二季度	三季度	四季度	一季度	二季度	三季度	四季度		

2. 材料、构件及半成品需要量计划

根据各工种工程量汇总表所列不同结构类型的工程项目和工程量总表，查定额或参照已建类似工程资料，便可计算出各种建筑材料、构件和半成品需要量，以及有关大型临时设施施工和拟采用的各种技术措施用料量，然后编制主要材料、构件及半成品需要量计划，常用表格见表 5-3 和表 5-4。根据主要材料、构件和半成品加工需要量计划，参照施工总进度计划和主要分部分项工程流水施工进度计划，便可编制主要材料、构件和半成品运输计划。

主要材料需要量计划表 表 5-3

工程名称 \ 材料名称 \ 单位	主要材料								
	型钢	钢板	钢筋	木材	水泥	砖	砂	……	……
	t	t	t	m³	t	千块	m³		

主要材料、构件、半成品需要量进度计划表 表 5-4

序号	材料、构件、半成品名称	规格	单位	需要量				需要量进度							
				合计	正式工程	大型临时工程	施工措施	20××年				20××年			
								一季度	二季度	三季度	四季度	一季度	二季度	三季度	四季度

3. 施工机具需要量计划

根据施工进度计划、主要建筑物施工方案和工程量，并套用机械产量定额求得；辅助机械可以根据建筑安装工程每十万元扩大概算指标求得；运输机具的需要量根据运输量计算。主要施工机具、设备需要量见表 5-5。

主要施工机具、设备需要量计划表 表 5-5

序号	机具设备名称	规格型号	电动机功率	数量				购置价值（万元）	使用时间	备注
				单位	需用	现有	不足			

5.5 施工总平面图设计

施工总平面图是拟建项目施工场地的总布置图。它是按照施工部署、施工方案和施工总进度计划的要求，将施工现场的交通道路、材料仓库、附属生产或加工企业、临时建筑和临时水、电、管线等合理规划和布置，并以图纸的形式表达出来，从而正确处理全工地施工期间所需各项设施与永久建筑、拟建工程之间的空间关系，指导现场进行有组织、有计划的文明施工。施工总平面图按照规定的图例进行绘制，一般比例为 1：1000 或 1：2000。

对于特大型建设项目，当施工工期较长或受场地限制，施工场地需几次周转使用时，可按照几个阶段分别设计施工总平面图。

5.5.1 施工总平面图的设计原则和内容

1. 施工总平面图的设计原则

（1）保证施工顺利进行的前提下，尽量减少施工用地，少占或不占农田，使平面布置紧凑合理。

（2）保证运输方便，减少两次搬运，降低运输费用。

（3）充分利用各种永久建筑、管线、道路，降低临时设施的修建费用。

（4）临时设施应方便生产和生活，办公区、生活区和生产区宜分离设置。

（5）满足技术安全、防火、消防和环保要求。

（6）遵守当地主管部门和建设单位关于施工现场安全文明施工的相关规定。

2. 施工总平面图设计内容

（1）建设项目施工用地范围内地形和等高线；建设项目施工总平面图上的一切地上、地下已有的和拟建的建筑物、构筑物及其他设施位置和尺寸。

（2）一切为工程项目建设服务的临时设施的布置，包括：

1）施工用地范围，施工用的各种道路。

2）加工厂、半成品制备站及有关机械的位置。

3）各种材料、半成品及构配件的仓库和堆场。

4）行政、生活、文化福利用临时建筑等。

5）水、电源位置，临时给水排水系统和供电线路及供电动力设施。

6）机械站、车库位置。

7）一切安全、环境保护及消防设施位置。

5.5.2 施工总平面图设计的依据

施工总平面图设计的依据如下：

1. 各种勘测、设计资料。

2. 建设地区自然条件及技术经济条件。

3. 建设项目的概况、施工部署和主要工程的施工方案、施工总进度计划。

4. 各种建筑材料、构件、半成品、施工机械和运输工具需要量一览表。

5. 各构件加工厂及其他临时设施的数量和外廓尺寸。

6. 安全、防火规范。

5.5.3 施工总平面图的设计步骤

施工总平面布置图的设计一般应按以下步骤进行：

1. 场外交通的引入

设计全厂性施工总平面图时，首先应从研究大宗材料、成品、半成品、设备等进入工地的运输方式入手。当大宗材料由铁路运来时，首先要解决铁路的引入问题；当大批材料是由水路运来时，应首先考虑原有码头的运用和是否增设专用码头问题；当大批材料是由公路运入时，由于汽车可以灵活布置，因此，一般先布置场内仓库和加工厂，然后再布置场外交通的引入。

（1）铁路运输

当大量材料由铁路运入工地时，首先应解决铁路由何处引入及如何布置问题。一般大型工业企业、厂区内都设有永久性铁路专用线，通常可将其提前修建，以便为工程施工服务。但由于铁路的引入将严重影响场内施工的运输和安全，因此，铁路的引入应靠近工地的一侧或两侧。仅当大型工地分为若干个工区进行施工时，铁路才可以引入工地中央。此时，铁路应位于每个工区的侧边。

（2）水路运输

当大量材料由水路运进现场时，应充分利用原有码头的吞吐能力。当需增设码头时，卸货码头不应少于两个，且宽度应大于 2.5m，一般用石或钢筋混凝土结构建造。

（3）公路运输

当大量材料由公路运进现场时，由于公路布置较灵活，一般先将仓库、加工厂等生产性临时设施布置在最经济合理的地方，再布置通向场外的公路线。

2. 仓库与材料堆场的布置

布置仓库与材料堆时，通常考虑设置在运输方便、位置适中、运距较短且安全防火的地方，并应区别不同材料、设备和运输方式来布置。

当采用铁路运输时，仓库通常沿铁路线布置，并且要留有足够的装卸前线。如果没有足够的装卸前线，必须在附近设置转运仓库。布置铁路沿线仓库时，应将仓库设置在靠近工地一侧，以免内部运输跨越铁路。同时仓库不宜设置在弯道处或坡道上。

当采用水路运输时，一般应在码头附近设置转运仓库，以缩短船只在码头上的停留时间。

当采用公路运输时，仓库的布置较灵活。一般中心仓库布置在工地中央或靠近使用的地方，也可以布置在靠近外部交通连接处。砂、石、水泥、石灰、木材等仓库或堆场宜布置在搅拌站、预制场和木材加工厂附近；砖、瓦和预制构件等直接使用的材料应该直接布置在施工对象附近，以免二次搬运。工业项目建筑工地还应考虑主要设备的仓库（或堆场），一般笨重设备应尽量放在车间附近，其他设备仓库可布置在外围或其他空地上。

3. 加工厂和搅拌站的布置

加工厂和搅拌站的布置位置，应使材料和构件的运输费用最少，有关联的加工厂应适当集中。下面分别叙述搅拌站和几种加工厂的布置。

（1）混凝土搅拌站

混凝土搅拌站的布置有集中、分散、集中与分散布置相结合三种方式。当现浇混凝土量大时，宜在工地设置混凝土搅拌站；当运输条件好时，以采用集中搅拌最有利；当运输条件较差时，以分散搅拌为宜。

（2）砂浆搅拌站

砂浆搅拌站多采用分散就近布置。这是因为建筑工地，特别是工业建筑工地使用砂浆为主的砌筑与抹灰工程量不大，且又多为一班制生产，如采用集中搅拌砂浆，不仅会造成搅拌站的工作不饱满，不能连续生产，同时还会增加运输上的困难。

（3）构件预制加工厂布置

混凝土构件预制加工厂应尽量利用建设地区的永久性加工厂。只有其生产能力不能满足建设工程需要时，才考虑设置。其位置最好布置在建设场地中无建筑材料堆放的场地、铁路专用线路转弯处的扇形地带或场外邻近处。

（4）钢筋加工厂

钢筋加工厂可集中布置，亦可分散布置，视工地具体情况而定。一般需进行冷加工、对焊、点焊钢筋骨架和大片钢筋网时，宜采用集中布置加工。这样可以充分发挥加工设备的效能，满足全工地需要，保证加工质量和降低加工成本。但也易于产生集中成批生产与工地需要成套供应之间的矛盾。因此，必须加强加工成本的计划管理，以满足工地的需要。对于小型加工、小批量生产和利用简单机具就能成型的钢筋加工，采用分散布置较为灵活。

（5）木材加工厂

木材加工厂设置与否，是集中还是分散设置，设置规模等，都应视建设地区内有无可供利用的木材加工厂，以及木材加工的数量和加工性质而定。如建设地区没有可利用的木材加工厂，而锯材、标准门窗、标准模板等加工量又很大时，则集中布置木材联合加工厂为好。对于非标准件的加工与模板修理工作等，可分散在工地附近设置临时工棚进行加工。

木材加工厂宜设置在施工区域边缘的下风向位置。其原木、锯材堆场宜设置在靠近铁路、公路和水路沿线。

4. 场内运输道路的布置

工地内部运输道路的布置，应根据各加工厂、仓库及各施工对象的位置布置道路，并研究货物周转运行图，以明确各段道路上的运输负担，区别主要道路和次要道路，进行道路的规划。规划这些道路时要特别注意满足运输车辆的安全行驶，在任何情况下不致形成交通断绝或阻塞。在规划厂区内道路时，应考虑以下几点：

（1）合理规划临时道路与地下管网的施工程序

在规划临时道路时，还应考虑充分利用拟建的永久性道路系统，提前修建路基及简单路面，作为施工所需的临时道路。若地下管网的图纸尚未出全，必须采取先施工道路后施工管网的顺序时，临时道路就不能完全建造在永久性道路的位置，而应尽量布置在无管网地区或扩建工程范围地段上，以免开挖管道沟时破坏路面。

（2）保证运输通畅

道路应有两个以上进出口，并应有足够的宽度和转弯半径。现场内道路干线应采用环形布置，主要道路宜采用双车道，其宽度不得小于 3.5m。

（3）选择合理的路面结构

临时道路的路面结构，应根据运输情况、运输工具和使用条件来确定。一般场外与省、市公路相连的干线，因其以后会成为永久性道路，因此一开始就应建成混凝土路面。

5. 行政与生活福利临时建筑的布置

临时建筑物的设计，应遵循经济、适用、装拆方便的原则，并根据当地的气候条件、工期长短确定其建筑与结构形式。

行政与生活临时设施包括：办公室、汽车库、职工休息室、开水房、小卖部、食堂、俱乐部和浴室等。要根据工地施工人数计算这些临时设施和建筑面积，应尽量利用建设单位的生活基地或其他永久性建筑，不足部分另行建造。

一般全工地性行政管理用房宜设在全工地入口处，以便对外联系，也可设在工地中部，便于全工地管理。工人用的福利设施应设置在工人较集中的地方或工人必经之路。生活基地应设在场外，距工地 500~1000m 为宜，并避免设在低洼潮湿、有烟尘和有害健康的地方。食堂宜设在生活区，也可布置在工地与生活区之间。

6. 临时水电管网及其动力设施的布置

当有可以利用的水源、电源时，可以将水、电从外面引入工地，沿主要干道布置干管、主线，然后与各用户接通。临时总变电站应设置在高压电进入工地处，避免高压线穿过工地；临时电站应设在现场中心，或靠近主要用电区域；临时水池应放在地势较高处。当无法利用现有水、电时，为了获得电源，可在工地中心或工地附近设置临时发电设备，沿干道布置主线；为了获得水源，可以利用地上水或地下水，并设置抽水设备和加压设备（简易水塔或加压泵），以便储水和提高水压，然后由此把水管接出，布置管网。

施工现场供水管网有环状、枝状和混合式 3 种形式，一般采用枝状布置，因为这种布置的优点是所需给水管的总长度最小；其缺点是管网中一点发生故障时，则该点之后的线路就有断水的危险。从连续供水的要求上看，最为可靠的方式是环状布置。但这种方式的缺点是所需铺设的给水管道最长。混合式布置是总管采用环状，支管采用枝状，这样对主要用水地点可保证连续供水，而且又可减少给水管网的铺设长度。

临时配电线路布置与水管网相似，分环状、枝状和混合式三种。一般布置时，高压线路多采用环状布置，低压线路多采用枝状布置。工地上通常采用架空布置，距路面或建筑物不小于 6m。

根据工程防火要求，应设立消防站，一般设置在易燃建筑物（木材、仓库）附近，并须有通畅的出口和消防车道，其宽度不宜小于 6m，与拟建房屋的距离不得大于 25m，也不得小于 5m；沿道路布置消火栓时，其间距不得大于 100m，消火栓到路边的距离不得大于 2m。

应该指出，以上各设计步骤不是截然分开、各自独立进行的，而是互相联系、互相制约的，需要综合考虑、反复修正才能确定下来。

5.5.4 施工总平面图的科学管理

施工总平面图设计完成之后，就应认真贯彻其设计意图，发挥其应有作用，因此，现场对总平面图的科学管理是非常重要的，否则就难以保证施工的顺利进行。为使场地分配、仓库位置确定、管线道路布置更为合理，需要采用一些科学管理方法：

（1）建立统一的施工总平面图管理制度。划分总平面图的使用管理范围，做到责任到人，严格控制材料、构件、机具等物资占用的位置、时间和面积，不准乱堆乱放。

（2）对水源、电源、交通等公共项目实行统一管理。不得随意挖路断道，不得擅自拆除建筑物和水电线路，当工程需要断水、断电、断路时要申请，经批准后方可着手进行。

（3）对施工总平面布置实行动态管理。在布置中，遇特殊情况或事先未预测的情况需要变更原方案时，应根据现场实际情况，统一协调，修正其不合理的地方。

（4）做好现场清理和维护工作，经常检修各种临时性设备，明确负责人和工作人员。

5.6　施工组织总设计案例

5.6.1　工程概况

本工程 1 号、2 号、3 号住宅地下一层，地上 18 层；地下一层为储藏间。其中 1 号、2 号楼总建筑面积为 16159.1m²，建筑总高度为 58.95m；3 号楼总建筑面积为 13085.6m²，建筑总高度为 58.25m；4 号、5 号楼总建筑面积为 19819.8m²，建筑总高度为 58.25m；6 号楼总建筑面积为 11641.5m²，建筑总高度为 55.55m；7 号楼总建筑面积为 12454.7m²，建筑总高度为 55.55m；8 号楼总建筑面积为 10818.4m²，建筑总高度为 53.55m，总建筑面积为 83979.1m²（不包括地下车库），地下车库面积约 9050.1m²。

1. 建筑设计

建筑设计概况见表 5-6。

建筑设计概况一览表　　　　　　　　　表 5-6

占地面积	42210m²		首层建筑面积	10329.1m²	总建筑面积	93029.2m²
层数	地上	18 层	层高	首层	4.2m	地上面积	82700.1m²
	地下	1 层		标准层	2.9m	地下面积	10329.1mm²
	裙房	3 层		地下	4.0m		
装饰装修	外墙	主要立面深灰色及浅黄色外墙面砖，局部采用深灰色高级外墙涂料					
	楼地面	铺地砖楼面、花岗岩楼面、水泥砂浆楼地面					
	墙面	墙砖墙面、抹灰墙面					
	顶棚	抹灰顶棚					
	楼梯	金属栏杆扶手楼梯					
防水	地下	防水等级：一级	防水材料：结构自防水，SBS 防水卷材				
	屋面	防水等级：一级	防水材料：SBS 防水卷材				
	厕浴间	聚氨酯涂膜防水层					
	阳台	聚氨酯涂膜防水层					
	雨篷	防水砂浆					
保温节能	外墙采用聚合物砂浆粘贴 35mm 厚聚苯板；屋面采用 80mm 厚挤塑聚苯板						

2. 结构设计

本工程主体结构形式为剪力墙结构，基础形式为筏板基础，选第三层粉土为基础持力层。本工程的建筑结构安全等级为二级，建筑抗震设防类别为丙类，地基基础设计等级为乙级，设计使用年限为 75 年。

111

本工程结构设计概况见表 5-7。

表 5-7

结构设计概况一览表

地基基础	埋深	6.0m	持力层	第三层粉土层	承载力标准值	210kPa
	筏板	底板厚度:1000mm	顶板厚度:150mm		挡土墙厚度:250 mm	
主体	结构形式		剪力墙			
	主要结构尺寸	梁:200mm×450mm;200mm×450mm		板厚:100mm		墙厚:200mm
抗震等级设防	2 级		人防等级			
混凝土强度等级及抗渗要求	基础	C30P8	板	C30	楼梯	C30
	梁	C30	墙体	地下室外墙 C30S6,其他 C30		
	柱	C30	其他	垫层 C15,圈过梁、构造柱 C20		

5.6.2 施工部署和施工方案

1. 施工工艺流程

(1) 施工工艺流程图

根据本工程的建筑、结构设计情况以及综合考虑施工工期、施工季节等因素,遵循"先地下后地上,先主体后装修,先土建后设备安装"的原则,确定本工程的总体施工工艺流程及各阶段施工工艺流程。以地下结构为例,如图 5-2 所示。

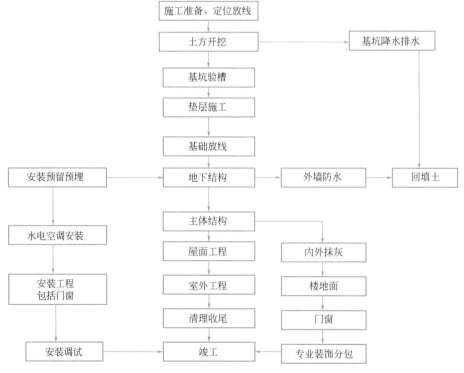

图 5-2　地下结构施工

（2）总体施工顺序

本工程总体施工顺序为：先基础及主体结构施工，后安装及装饰施工；根据进度计划的安排，确定各不同专业进场施工的时间，安装专业随主体结构工程及砌筑抹灰的进度进行施工；装饰工程在初装修结束后及时穿插施工，并配合安装工程的施工；土方回填跟随地下室外墙防水边施工边回填。

本工程将于 2012 年 6 月进行西半区 1 号、2 号、3 号、8 号楼的施工准备工作，于 9 月进行西半区主体工程施工；在 2012 年 8 月，1 号、2 号、3 号、8 号楼地下室结构完成后，立即进行东半区 4 号、5 号、6 号、7 号楼的施工准备工作，9 月份开始进行东半区 4 座单体的土方开挖工作，同时进行西半区 4 座单体的主体工程施工；在 2012 年 11 月西区 4 座单体快封顶之际，进行 1 号、2 号、3 号楼裙房的施工，同时进行东半区主体结构的施工；2013 年 3 月开始进行 4 号、5 号楼裙房的施工；2013 年 5 月开始进行小区北部地下车库的施工，赶在雨季之前完成地下车库的主体工程；2013 年 12 月进行最后的竣工清理及验收工作。

（3）施工流水段的划分

1）基础施工阶段。根据本工程的设计特点，筏板基础无后浇带和伸缩缝，必须一次性连续浇筑，不留施工缝。

2）主体施工阶段。本工程 1 号、2 号、4 号楼各为一个施工段。

3）装饰装修阶段。本工程体量较大，装饰装修作业面广，其中要穿插土建粗装修及大量的安装工程施工。为此，本工程装饰装修阶段的施工作业面的划分原则为：全面展开，最大限度地利用施工作业面，及时穿插施工。

2. 主要项目的施工方法

（1）主体工程施工方法

1）钢筋工程

钢筋的接头形式：本工程地上部分钢筋的接头形式主要采用搭接和闪光对焊，筏板钢筋采用直螺纹连接。水平接头：梁受力主筋直径≤16mm 的采用搭接；直径≥18mm 的采用闪光对焊。竖向接头：剪力墙钢筋直径≤16mm 的采用搭接；直径≥18mm 的采用电渣压力焊连接。

板筋的架立：为保证楼板上层筋位置准确，在楼板上层筋下布置镫筋，采用通长钢筋马镫的形式。马镫高度＝板厚－上下保护层厚度－上层钢筋直径。施工中注意在马镫下部四角刷防锈漆。

钢筋的加工形式：钢筋采用现场堆放、现场加工成型。钢筋配筋工作由负责土建施工的分包专职配筋人员严格按照规范和设计要求执行。结构中所有大于 300mm 的洞口，在配筋时按照洞口配筋原则全部留置出来，不允许出现现场割筋留洞的现象。

项目根据工程施工进度和现场储料能力编制钢筋加工和供应计划。

2）模板工程

模板的施工：由于模板体系的形式与模板的质量直接影响工程的施工进度和混凝土结构的成型质量，因此模板体系的选择应遵循支拆方便、牢固可靠的原则。本工程计划使用 12mm 厚竹胶板，标准层配备 3 层模板，周转 6 次使用；竖向剪力墙模板采用 12mm 厚竹胶板，配备 1 层。

根据本工程的特点，其模板体系选择如下：本工程模板采用 12mm 厚竹胶板，内钢楞采用 50mm×80mm 木方，外钢楞采用 φ48 钢管。支撑采用碗扣式钢管脚手架。为保证结

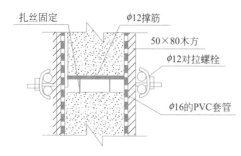

图 5-3　非防水混凝土柱墙对拉螺栓

构的整体性，本工程墙柱与顶板梁同时支模、同时进行混凝土浇筑。基础底板四周及独立柱基承台外侧采用 12mm 厚竹胶板。垫层模板采用 50mm×100mm 木板作为垫层侧边模板，用钢管搭三角撑撑住。地下室外墙模板采用 12mm 厚竹胶板，防水对拉螺栓固定，防水对拉螺栓中间部分焊接（双面焊）—3mm×50mm×50mm 止水铁片。穿墙对拉螺栓设 φ16PVC 套管，对拉螺栓从 PVC 套管穿过，拆模后将其抽出重复利用 2 次。为了防止对拉螺栓在拧紧过程中造成模板局部变形，必须在对应每根对拉螺栓位置增设 φ12 的短钢筋（长度同剪力墙厚度，与 PVC 套管绑扎）支撑模板，如图 5-3 所示。

　　3）混凝土工程

　　① 混凝土的施工顺序：本工程混凝土浇筑采用墙、梁、板整体现浇的方式；当混凝土浇筑高度大于 2m 时，端头加软管接长浇筑；混凝土强度等级不同时，应先浇高强度的，后浇低强度的；如留施工缝，须待施工缝处混凝土强度大于 1.2MPa 时继续浇筑；筏板基础混凝土应连续浇筑不得留施工缝。

　　② 混凝土浇筑前的准备工作：

　　a. 对施工人员进行混凝土浇筑技术交底。

　　b. 检查模板及其支撑（见模板工程）。

　　c. 请监理对隐蔽部位进行验收，填好隐蔽验收记录。严格执行混凝土浇灌令制度。

　　d. 填写混凝土搅拌通知单，通知商品混凝土搅拌站所要浇筑混凝土的强度等级、混凝土量、浇筑日期。

　　e. 浇筑混凝土楼板时，不得将木板铺放在钢筋网片上，应在板上铺设活动马镫并铺好木跳板。跳板应方便工人操作安全，待混凝土浇到一定位置，随浇随撤掉马镫架。

　　③ 混凝土的振捣：柱、梁、剪力墙、筏板混凝土均采用插入式振动棒，浇捣厚度不大于 400mm，楼板混凝土采用平板式振捣器振捣。

　　混凝土养护的要点：柱采用覆膜浇水养护；剪力墙、梁拆模后喷水养护；楼板要保证在浇筑后，覆盖薄膜 7 昼夜内处于足够的湿润状态；防渗混凝土湿润养护至少 14d。

　　（2）防水工程施工方案

　　本工程分别在地下室、卫生间和屋面 3 个部位做防水工序，其中地下室为防水施工的重点。地下室渗漏水质量问题一直非常普遍，其原因复杂，因漏点难找，所以堵漏难度非常大，故必须加强对地下室防水施工的控制。

　　屋面防水在施工过程中除严格程序和过程控制之外，要重点加强接缝处、阴阳角、机电穿管处、防水收边处、屋顶防雷接地处、阴阳角处等细部节点的防水处理，以确保屋面防水质量达到合格标准。卷材搭接缝以及卷材收头的铺贴是影响铺贴质量的关键，不得随大面一次粘铺，要进行专门的处理：将已铺好卷材搭接缝处表面的防粘隔离层熔掉，为防止烘烤到搭接缝以外的卷材，应使用烫板沿搭接线移动，火焰喷灯随烫板移动；烘烤粘贴时应随烤随粘贴，并须将熔融的沥青挤出，用铁抹子或刮刀刮平，搭接缝或收头粘贴后，用火焰及抹子沿搭接缝边缘再行均匀加热封严。卷材搭接缝处用喷枪加热，压合至边缘挤出沥青粘牢。卷材末端收头用橡胶沥青嵌缝膏嵌固填实。

聚氨酯防水施工时，穿楼板管道埋设套管，避免管道同混凝土间因热胀冷缩产生缝隙。管道安装完毕后，预留洞口应认真仔细填堵，堵洞混凝土中掺 10％UEA 膨胀剂。注意局部处理，重点处理好楼板的立管周围、地漏周围和大便器周围。

对阴阳角、穿过防水层的管道根部等部位，在涂膜大面积涂刷之前，应先进行增强涂布，应将玻璃纤维布铺好，然后再涂抹第一道涂膜。管道根部，将管道用砂纸打毛，并用溶剂洗除油污，管道基层应清洁干燥；在管根周围及基层涂刷底层涂料，底层涂料固化后做增强涂布，增强层固化后再涂布第一道涂膜；涂膜固化后沿管道周围密实铺贴十字交叉的玻璃纤维布；增强层固化后再涂布第二道涂膜。

5.6.3　施工总进度计划

施工总进度计划见表 5-8。

施工总进度计划　　　　　　　　　　　　　　　　　　表 5-8

序号	分部工程名称	2012 年								2013 年											
		5月	6月	7月	8月	9月	10月	11月	12月	1月	2月	3月	4月	5月	6月	7月	8月	9月	10月	11月	12月
1	基础																				
2	地下室																				
3	主体结构																				
4	外墙																				
5	屋面工程																				
6	室内装修																				
7	室外装修																				
8	安装工程包括门窗口																				
9	水电安装																				

5.6.4　施工准备

1. 施工技术准备计划

编制施工进度控制实施细则，保证工程进度控制目标。编制施工质量控制实施细则，采取有效质量控制措施，保证工程质量控制目标。编制施工成本控制实施细则，保证施工成本控制目标。做好工程技术交底工作，使作业层真正知道其所干工序的操作要求及质量标准；组织工程技术人员认阅读施工图纸，了解设计意图，弄清工程特点，做好图纸会审，清除图纸漏、错、碰、缺问题，解决施工技术与施工工艺之间的矛盾、施工工艺与施工设计的矛盾。在此基础上，根据工程规模、结构特点、施工图、施工规范和质量标准、操作规程和建设单位要求，做好指导本工程施工全过程的施工组织设计的编制，同时编制复杂分部、分项工程的专项施工方案。

2. 劳动组织准备

根据工程实际情况及劳动力的需要量计划，确定本工程的主要劳务施工队，根据施工队的内部工人的技术水平进行优化组合，组成各施工队组。根据不同施工队组施工任务的不同，编制岗前培训计划，进行技能及安全文明施工培训。

土建装修及安装阶段劳动力投入表见表 5-9。

表 5-9

土建装修及安装阶段劳动力投入表

(2013 年 5—12 月)

工种	木工	瓦工	普工	电工	管工	焊工	其他用工	合计
人数	50	170	40	80	60	12	20	432

工人队伍将在工程开工前做好各种准备，进行必需的专业技术及安全等方面的培训，配备必须的生活生产和安全防护用品，一旦开工即可进入工地进行施工。

3. 施工物资准备

根据物资和机械设备的投入计划，编制物资准备计划，通过考察、招标的方式落实施工物资的供应方式，确保工程物资和机械设备及时满足施工需要。本工程主要施工机械配备详见表 5-10。

主要施工机具、设备需要量计划表

表 5-10

序号	机械名称	型号	单位	数量	额定功率	进出场时间
1	塔式起重机	QTZ40	台	8	30kW	2012 年 6 月
2	施工电梯	CSD200/200J	台	8	30kW	2012 年 11 月
3	混凝土搅拌站	JS500	台	2	160kW	2012 年 6 月
4	拖式混凝土泵	HBT60	台	2	110kW	2012 年 6 月
5	钢筋成型机	GQ50	台	4	4kW	2012 年 6 月
6	钢筋成型机	GW40-I	台	4	4kW	2012 年 6 月
7	交流电焊机	BX3-500	台	4	38kVA	2012 年 6 月
8	混凝土振捣器	2X-50	台	24	1.1kW	2012 年 6 月
9	混凝土平板振动器	H21X2	台	10	2.2kW	2012 年 6 月
10	蛙式打夯机	HW170	台	5	4kW	根据实际需要
11	潜水泵	Q100-4	台	10	4.5kW	根据实际需要

4. 施工现场准备

清除现场障碍物，实现"三通一平"。根据总平面的布置，将现场临时道路进行整平处理，保证前期准备阶段的使用要求。

5.6.5 施工资源管理

1. 各项资源的供应方式

本工程拟投入施工力量总规模，在施工高峰期时为 400 人，平均人数为 230 人。本工程所使用到的塔式起重机、施工电梯从租赁公司租赁，混凝土采用商品混凝土，砂浆使用预拌砂浆。物资供应方式，在施工合同范围内的所有涉及施工用物资材料均由总承包方通过招标集中采购。特殊材料的供应要事先经过考察，具体按照项目管理程序文件执行。资金供应方式按合同约定的方式供应。临时设施提供方式按合同约定的方式由总包方按临建规划布置。

2. 劳动力需要量计划

根据施工进度与工程状况，按计划、分阶段进、退场，保证人员的稳定和工程的顺利开展。根据工程总体控制计划、工程量、流水段的划分，装修、机电安装的需要，本工程各阶段劳动力投入如表 5-11、表 5-12 和表 5-13 所示。

基础工程阶段施工劳动力安排 表 5-11

（2012 年 6—9 月）

工种	木工	钢筋工	混凝土工	架子工	水电工	机械工	普工	其他用工	合计
人数	250	180	60	20	25	10	30	30	605

主体工程阶段施工劳动力安排 表 5-12

（2012 年 8 月—2013 年 4 月）

工种	木工	钢筋工	混凝土工	架子工	水电工	机械工	瓦工	其他用工	合计
人数	200	150	60	30	45	15	150	30	680

根据工程的总平面布置、工人生活的需要及现场办公的需要制订施工临时设施及安全防护设施计划，落实临时设施的投入准备。

本工程施工临时设施计划如表 5-13 所示。

施工临时设施计划表 表 5-13

序号	设施名称	规格/型号/做法	数量	单位	来源
1	工人生活区	双层彩钢板房 3.6m×6m	1080	2m	搭设
2	办公用房	彩钢板房 3.6m×5m	306	2m	搭设
3	厕所及淋浴间	砖砌 4m×5m	80	2m	搭设
4	钢筋加工棚	型钢组装	120	2m	搭设
5	围墙及大门	彩钢板及砖砌围墙，自动大门	400	m	原有及搭设
6	木工棚	型钢组装	80	2m	搭设
7	砂石料场	砖墙	300	2m	搭设
8	外加剂库	彩钢板房 5m×6m	30	2m	搭设
9	安装仓库	彩钢板房 3.6m×5m	36	2m	搭设
10	安装加工场	钢管	100	2m	搭设
11	养护箱	成品			
12	门卫保安房	砖砌 6m×6m	36	2m	原有

本工程 2012 年 6 月进场之前，土方已基本开挖完毕。工程主体结构计划于 2013 年 3 月 31 日封顶，需要经过一个雨期及冬期施工，工程间歇时间较长，不利于工程的工期及

质量控制。

5.6.6 施工平面布置

1. 施工总平面布置依据

经过现场勘察，施工现场北侧有 1000m^2 场地可作为现场厕所、生活区等场所。施工平面布置内容详见施工平面布置图，如图 5-4 所示。

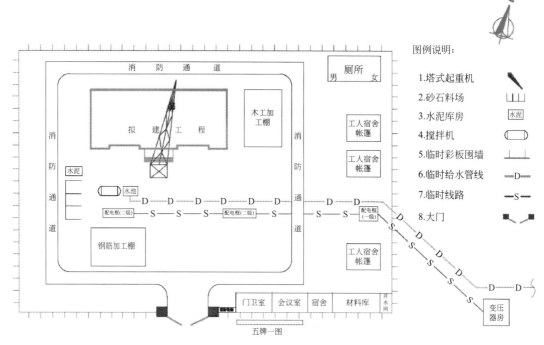

图 5-4 施工现场平面布置

2. 施工现场的布置原则

施工总平面布置按照经济、适用、合理方便的原则，在保证场内交通运输畅通和满足施工对材料运输及加工要求的前提下，最大限度地减少场内二次运输；在现场交通上，尽量避免各生产单位相互干扰，合理组织现场的物资运输，尽量减少场内物资的二次运输；符合施工现场卫生、安全生产、安全防火、环境保护和劳动保护的要求，满足施工生产和文明施工的需要。

3. 临时用电方案

现场临时供电按《供配电系统设计规范》GB 50052-2009 和《施工现场临时用电安全技术规范》JGJ 46-2005 设计并组织施工，供配电采用 TN-S 接零保护系统，按三级配电两级保护设计施工，PE 线与 N 线严格分开使用。经计算，本工程临时用电可选用 4台容量为 315kVA 的变压器分配用电，采用一根 150mm^2 五芯铜线电缆、两根 90mm^2 五芯铜线电缆引至现场三个总箱内。临时用电系统根据各用电设备的情况，采用三相五线制树干式与放射式相结合的配电方式。地平面电缆暗敷设于电缆沟内，楼层干线电缆沿内筒壁卡设，干线电缆选用 XV 型橡皮绝缘电缆。施工配电箱采用统一制作的标准铁质电箱，箱、电缆编号与供电回路对应，施工电梯、塔式起重机用 $35mm^2$ 五芯电缆单独引线。

施工现场实行封闭管理，围挡采用××市政府批准使用的彩色喷塑压型钢板；大门使用符合 CI 要求的铁大门，大门入口处设门卫值班室且有门卫管理制度。

按照××市建管局的要求，施工场区必须设置"七牌二图"（施工标志牌、安全措施牌、文明施工牌、入场须知牌、管理人员名单及监督电话牌、消防保卫牌、建筑工人维权须知牌和施工现场平面布置图、工程立体效果图）。

5.6.7　质量保证措施

1. 冬、雨期及高温季节施工方法和质量保证措施

（1）冬期施工方案及质量保证措施

入冬前，对现场的技术员、施工员、材料员、试验员及重要工种的班组长、测温人员、司炉工、电焊工、外加剂掺配和高空作业人员进行培训，掌握有关各施工方案、施工方法和质量标准。冬期施工前，测温人员及管理人员专门组织技术业务培训，学习本工作范围内有关知识，明确各自相关职责。

编制冬期施工方案，对面临冬期施工的分项工程制定详细的技术措施，保证工程质量及施工进度，做到连续施工。指定施工员进行气温观测并作记录，通过收听气象预报广播、电视天气预报、网上查询等方式提前了解近期、中期、远期天气情况，并通知相关人员，预先安排、调整施工内容，防止寒流突然袭击。

根据实物工程量提前组织有关机具、保温材料进场。草帘按保温面覆盖一层计算，塑料布按保温面覆盖两层计算。冬期施工前，认真检查一遍现场仓库、宿舍、工作面、供水系统、机械设备等的防火保温情况，以及保温防冻工作，发现问题及时解决。

冬期施工期间，对外加剂添加、原材料加热、混凝土养护和测温、试块制作养护、加热设施管理等各项冬期施工措施由专人负责，及时做好各项记录，并由项目技术负责人和质检员抽查，随时掌握实施状况，发现问题及时纠正，切实保证工程质量。

（2）雨期施工方案及质量保证措施

雨季到来前应编制详细的雨期施工措施，并要有专人监督、检查其实施情况；雨季期间应与当地气象部门联系，及时取得天气预报资料；设专人做好天气预报工作，预防暴雨和狂风侵袭。

对材料库、办公室等进行防雨、防潮检修，杜绝漏雨现象。做好现场排水系统，将地面及场内雨水有组织地及时排入指定排放口。在塔式起重机基础四周、道路两侧及建筑四周设排水沟，保证水流通畅，雨后不陷、不滑、不存水。通道入口、窗洞、梯井口等处设挡水设施。

所有机械棚搭设严密，防止漏雨，机电设备采取防雨、防淹、防雷措施。电闸箱要防止雨淋，不漏电，接地保护装置灵敏有效，各种电线防浸水漏电。砌体不得过湿，防止发生墙体滑移。加强对已完砌体垂直度和标高的复核工作。

浇筑框架混凝土时，先需了解2～3日的天气预报，尽量避开大雨；浇混凝土遇雨时，立即搭设防雨棚，用防水材料覆盖已浇好的混凝土。遇大雨停止外装修、砌体工程施工，并作好成品防雨覆盖措施，雨后及时修补已完成品及半成品。

2. 高温季节施工措施

重点做好夏季的安全生产和防暑降温工作，要保障广大职工的安全和健康，防止各类事故的发生，确保夏季施工顺利进行。

加强对夏季安全生产工作的领导，加强宿舍、办公室、厕所的环境卫生，疏通排水沟道，定期喷洒杀虫剂，防止蚊蝇滋生，避免常见传染病的流行。

在高温期间应根据生产和职工健康的需要，合理安排生产班次和劳动作息时间，现场配备充足的绿豆汤、茶水等防暑用品。应尽量避开午间烈日直射进行露天作业。

单元小结

本章主要内容包括施工组织总设计的编制步骤、施工部署、施工总进度计划、施工总平面图、施工资源需用量计划、现场临时设施及施工总平面布置的优化，重点是施工部署、施工总进度计划、施工总平面图。

（1）施工组织总设计的编制步骤：确定施工部署→估算工程量→编制工程总进度计划→编制施工准备工作计划→编制施工临时用水、用电、用气及通信计划等→编制施工临时设施计划→编制施工总平面布置图→编制施工准备工作计划→计算技术经济效果。

（2）施工部署。一般应考虑的主要内容有：确定工程开展程序、主要工程项目的施工方案、施工任务的划分与组织安排、全场性临时设施的规划等内容。

（3）施工总进度计划。编制步骤：列出工程项目一览表并计算工程量→确定各单位工程的施工期限→确定各单位工程的开工竣工时间和搭接关系→安排施工总进度计划→施工总进度计划的调整和修正。

（4）施工总平面图。设计步骤：场外交通的引入→仓库与材料堆场的布置→加工厂和搅拌站的布置→场内运输道路的布置→行政与生活福利临时建筑的布置→临时水电管网及其动力设施的布置→设计优化。

思考及练习

一、单项选择题

1. 下列选项中，属于施工组织总设计编制依据的是（　　）。

A. 建设工程监理合同　　　　　B. 批复的可行性研究报告

C. 各项资源需求量计划　　　　D. 单位工程施工组织设计

2. 施工组织总设计是用以指导施工项目进行施工准备和正常施工的基本（　　）文件。

A. 施工技术管理　　　　　　　B. 技术经济

C. 施工生产　　　　　　　　　D. 生产经营

3. 某公司计划编制施工组织总设计，已收集和熟悉了相关资料，调查了项目特点和施工条件，计算了主要工种的工程量，确定了施工的总体部署，接下来应该进行的工作是（　　）。

A. 拟定施工方案　　　　　　　　　B. 编制施工总进度计划

C. 编制主要资源供应计划　　　　　D. 编制施工准备工作计划

4. 施工组织中，编制资源需要量计划的直接依据是（　　）。

A. 工程量清单　　　　　　　　　　B. 市场的供求情况

C. 施工图　　　　　　　　　　　　D. 施工进度计划

5. 某建筑公司作为总承包商承接了某单位迁建工程所有项目的施工任务。项目包括办公楼、住宅楼和综合楼各一栋。该公司针对整个迁建工程项目制定的施工组织设计属于（　　）。

A. 施工规划　　　　　　　　　　　B. 单位工程施工组织设计

C. 施工组织总设计　　　　　　　　D. 分部分项工程施工组织设计

6. 施工总平面图科学管理不包括（　　）。

A. 做好现场清理和维护　　　　　　B. 划分管理范围

C. 随意挖路断道　　　　　　　　　D. 对施工实行动态管理

7. 施工准备不包括（　　）。

A. 技术准备　　　　　　　　　　　B. 现场准备

C. 资金准备　　　　　　　　　　　D. 人才准备

8. 施工总平面布置场外交通运输优先选用（　　）。

A. 铁路运输　　　　　　　　　　　B. 公路运输

C. 水路运输　　　　　　　　　　　D. 人力运输

9. 冬季施工方案及质量保证措施不包括（　　）。

A. 入冬前，对现场得人员进行培训　　B. 编制冬季施工方案

C. 冬期施工措施由专人负责　　　　D. 对混凝土进行加热处理

10. 雨季施工方案及质量保证措施不包括（　　）。

A. 所有机械棚搭设严密，防止漏雨，机电设备采取防雨、防淹、防雷措施

B. 对材料库、办公室等进行防雨、防潮检修，杜绝漏雨现象

C. 雨季到来前应编制详细的雨季施工措施

D. 混凝土浇筑前添加防雨外加剂

二、多项选择题

1. 施工组织总设计的编制依据主要包括（　　）。

A. 合同文件　　　　　　　　　　　B. 工程施工标准图

C. 资源配置情况　　　　　　　　　D. 建设地区基础资料

E. 类似建设工程项目的资料和经验

2. 施工组织总设计编制的内容包括（　　）。

A. 施工总进度计划　　　　　　　　B. 施工资源需要量计划

C. 施工方案　　　　　　　　　　　D. 施工总平面图和主要技术经济指标

E. 施工准备工作计划

3. 在编制施工组织总设计文件时，施工部署及施工方案的内容应当包括（　　）。

A. 编制工程概况　　　　　　　　　B. 合理安排施工顺序

C. 确定主要施工方法　　　　　　　D. 绘制施工平面图

E. 编制资源需求计划

4. 下列项目中，需要编制施工组织总设计的项目有（　　）。

A. 地产公司开发的别墅小区　　　　B. 新建机场工程

C. 新建跳水馆钢屋架工程　　　　　D. 定向爆破工程

E. 标志性超高层建筑结构工程

5. 施工总平面布置图中应包括（　　）。

A. 已有的建筑物与构筑物　　　　　B. 拟建的建筑物与构筑物

C. 为施工服务的生活、生产、办公场所　D. 建设及监理单位的办公场所

E. 施工水、电平面布置图

6. 在施工总平面图的设计步骤中，各种加工厂的布置原则包括（　　）。

A. 充分利用已有建筑　　　　　　　B. 安全防火

C. 布置分散　　　　　　　　　　　D. 运输费用低

E. 生产与生活区安置在一起

7. 施工总平面图的设计步骤包括（　　）。

A. 场外交通引入　　　　　　　　　B. 工厂和搅拌站的布置

C. 仓库与材料堆场的布置　　　　　D. 五图一牌的布置

E. 场内运输道路的布置

8. 施工总平面图设计的依据包括（　　）。

A. 各种勘测、设计资料　　　　　　B. 建设地区自然条件

C. 建设地区技术经济条件　　　　　D. 施工单位经验

E. 设计编辑人员技术条件

9. 工程项目建设服务临时设施布置包括（　　）。

A. 施工用地范围　　　　　　　　　B. 施工所用道路

C. 施工厂、半成品制备站　　　　　D. 行政、生活等临时建筑

E. 已建完成的建筑物

10. 施工组织总设计的作用有（　　）。

A. 为建设项目或建筑群体工程施工阶段做出全局性的战略部署

B. 为做好施工准备工作，保证资源供应提供依据

C. 为确定设计方案的施工可行性和经济合理性提供依据

D. 为业主节省成本

E. 为业主编制工程建设计划提供依据

三、简答题

1. 简述施工组织总设计的作用和编制依据。

2. 简述施工组织总设计的内容和编制程序。

3. 施工组织总设计中的工程概况包括哪些内容？

4. 施工部署中应解决哪些问题？

5. 简述如何确定工程开展程序？

6. 如何拟定核心工程的施工方案？

7. 简述施工总进度计划的编制步骤。

8. 资源需要量计划包括哪些内容？

9. 施工总平面图的内容包括哪些？

10. 施工总平面图的设计原则是什么？

11. 施工总平面图设计的依据包括哪些？

Chapter 06

教学单元**6**
单位工程施工组织设计的编制

教学目标

1. 知识目标：

了解单位工程施工组织设计编写的依据、原则和程序；理解单位工程施工组织设计的内容、资源需用量计划编制方法；熟悉施工方案、施工顺序的选择方法；掌握施工进度计划各项的编制步骤及编制要求，结合课程设计的工程对象，编制出具有指导性的施工进度计划；掌握施工现场平面图布置的内容及步骤。

2. 能力目标：

具备能根据工作要求独立完成工程概况、施工方案、施工进度计划、资源需用量计划及施工平面布置图的绘制能力。

3. 素质目标：

按照课程思政的新要求，将课程教学目标的教育性、知识性、技能性相交融，将学生专业技能培训与激发个人理想、社会责任感有机结合，在教学过程中体现课程科学素养与人文素养，使专业课承载正确的职业观、成才观，将课程的教育性提升到思政教育的高度，使学生养成正确人生观、价值观。

思维导图

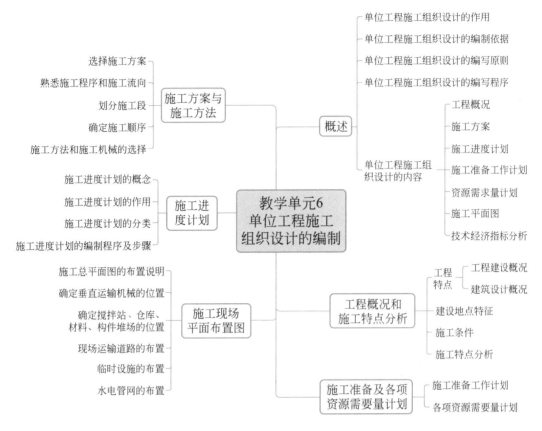

施工组织总设计是要解决全局性的问题，而单位工程施工组织设计则是针对具体工程、解决具体的问题，也就是针对一个具体的拟建单位工程，从施工准备工作到整个施工的全过程进行规划，实行科学管理和文明施工，使其投入到施工中的人力、物力和财力及技术能最大限度地发挥作用，使施工能有条不紊地进行，从而实现项目的质量、工期和成本目标。

6.1　单位工程施工组织设计编制概述

单位工程施工组织设计就是以单位工程为主要对象编制的施工组织设计，对单位工程的施工过程起指导和制约作用。

单位工程施工组织设计是一个工程的战略部署，是宏观定性的、体现指导性和原则性，用来指导拟建工程施工全过程中各项活动的技术、经济和组织的综合性文件。它是对拟建工程在人力和物力、技术和组织、时间和空间上做出全面合理的计划及组织施工、指导施工活动的重要依据，是对项目施工活动实行科学管理，保证工程项目安全、快速、优质、高效、全面完成的重要手段，对工程项目施工的顺利实施是必不可少的。

6.1.1 单位工程施工组织设计的作用

施工企业在施工前应对每一个施工项目编制详细的施工组织设计。其作用主要有以下几个方面。

1. 施工组织设计为施工准备工作做出了详细的安排。施工准备是单位工程施工组织设计的一项重要内容。在单位工程施工组织设计中对以下的施工准备工作提出了明确的要求或做出了详细、具体的安排。

（1）熟悉施工图纸，了解施工环境。

（2）施工项目管理机构的组建、施工力量的配备。

（3）施工现场"三通一平"工作的落实。

（4）各种建筑材料及水电设备的采购和进场安排。

（5）施工设备及起重机等的准备和现场布置。

（6）提出预制构件、门、窗及预埋件等的数量和需要日期。

（7）确定施工现场临时仓库、工棚、办公室、机具房及宿舍等的面积，并组织进场。

2. 施工组织设计对项目施工过程中的技术管理做出了具体安排。单位施工组织设计是指导施工的技术文件，可以针对以下 6 个主要方面的技术方案和技术措施做出详细的安排，用以指导施工。

（1）结合具体工程特点，提出切实可行的施工方案和技术手段。

（2）各分部（分项）工程及各工种之间的先后施工顺序和交叉搭接。

（3）对各种新技术及较复杂的施工方法所必须采取的有效措施与技术规定。

（4）设备安装的进场时间及与土建施工的交叉搭接。

（5）施工中的安全技术和所采取的措施。

（6）施工进度计划与安排。

总之，从施工的角度看，单位工程施工组织设计是科学组织单位工程施工的重要技术、经济文件，也是建筑企业实现管理科学化，特别是施工现场管理的重要措施之一。同时，它也是指导施工和施工准备工作的技术文件，是现场组织施工的计划书、任务书和指导书。

6.1.2 单位工程施工组织设计的编制依据

单位工程施工组织设计的编写依据包括如下几个方面。

1. 上级领导机关对该工程的有关批示文件和要求，建设单位的意图和要求，工程承包合同等。

2. 施工组织总设计。当单位工程为建筑群的一个组成部分时，则该建筑物的施工组织设计必须按照施工组织总设计的各项指标和任务要求来编制，如进度计划的安排应符合总设计的要求等。

3. 施工图及设计单位对施工的要求。其中包括单位工程的全部施工图样、会审记录和相关标准图等有关设计资料。对较复杂的工业建筑、公共建筑和高层建筑等，还应了解设备图样和设备安装对土建施工的要求，设计单位对新结构、新技术、新材料和新工艺的要求。

4. 施工现场条件和地质勘察资料。如施工现场的地形、地貌、地上与地下障碍物以及水文地质、水准点、气象条件、交通运输道路、施工现场可占用的场地面积等。

5. 施工现场的具体情况。如地形、工程与水文地质、周围环境、水准点、气象条件、地上地下障碍物等。

6. 材料、预制构件及半成品供应情况。主要包括工程所在地的主要建筑材料、构配件、半成品的供货来源、供应方式及运距和运输条件等。

7. 劳动力配备情况。一方面是企业能提供的劳动力总量和各专业工种的劳动力人数，另一方面是工程所在地的劳动力市场情况，各种材料、构件、加工品的来源及供应条件，施工机械的配备及生产能力。

8. 施工企业年度生产计划对该工程项目的安排和规定的有关指标，如开工、竣工时间及其他项目穿插施工的要求等。

9. 本项目相关的技术资料。包括标准图集、地区定额手册、国家操作规程及相关的施工与验收规范、施工手册等，同时包括企业相关的经验资料、企业定额等。

10. 建设单位的要求。包括开工、竣工时间，对项目质量、建材的要求，以及其他的一些特殊要求等。

11. 建设单位可能提供的条件。如现场"三通一平"情况，临时设施以及合同中约定的建设单位供应的材料、设备的时间等。

12. 建设用地征购、拆迁情况，施工执照，国家有关规定、规范、规程和定额等。

6.1.3　单位工程施工组织设计的编写原则

1. 做好施工现场相关资料的调查工作

工程技术资料等原始资料是编制施工组织设计的主要依据，要求其必须全面、真实、可靠，特别是材料供应、运输及水、电供应的资料。有了完整、准确的资料，就可以根据实际条件制定方案和进行方案优选。

2. 合理划分施工段和安排施工顺序

为了科学地组织施工，满足流水施工的要求，应将施工对象划分成若干个合理的施工段。同时，按照施工客观规律和建筑产品的工艺要求安排施工顺序，这也是编制单位工程施工组织设计的重要原则。在施工组织设计中一般应将施工对象按工艺特征进行分解，以便组织流水作业，使不同的施工过程尽量进行平行搭接施工。同一施工工艺（施工过程）连续作业，可以缩短工期，减少窝工现象。当然在组织施工时，应注意安全。

3. 采用先进的施工技术和施工组织措施

提高企业劳动生产率，保证工程质量，加快施工进度，降低施工成本，减轻劳动强度等需要先进的施工技术。但选用新技术和新方法应从企业实际技术水平出发，以实事求是的态度，在充分调查研究的基础上，经过科学分析和技术经济论证，既要保证其先进性，又要保证其适用性和经济性。在采用先进施工技术的同时，也要采用相应的科学管理方法，以提高企业人员的技术水平和整体实力。

4. 专业工种的合理搭接和密切配合

施工组织设计要有预见性和计划性，既要使各施工过程、专业工种顺利进行施工，又要使它们尽可能地实现搭接和交叉，以缩短工期。有些工程的施工中，一些专业工种既相互制约又相互依存，这就需要各工种间密切配合。高质量的施工组织设计应对专业工种的合理搭接和密切配合作出周密的安排。

5. 充分做好施工前的计划编制工作

编制工程施工劳动力需求计划、施工机具使用计划、材料需求量计划、施工进度计划等，是一项科学性极强、要求相当严谨的工作。这些计划应以该项目的分项工程工作量为基础，用定额进行测算拟订，计划的编制目标是节能降耗和高效。

6. 进行施工方案的技术经济分析

对主要工种工程的施工方案和主要施工机械的选择方案进行论证和技术经济分析，优选出经济上合理、技术上先进且符合现场实际要求的施工方案。

7. 确保工程质量，降低成本并安全施工

在单位工程施工组织设计中，应根据工程条件拟定保证质量、降低成本和安全施工的措施。这些措施在施工中必须严格执行，真正做到保质、保量并降低成本。

6.1.4　单位工程施工组织设计的编写程序

单位工程施工组织设计编写程序如图 6-1 所示。

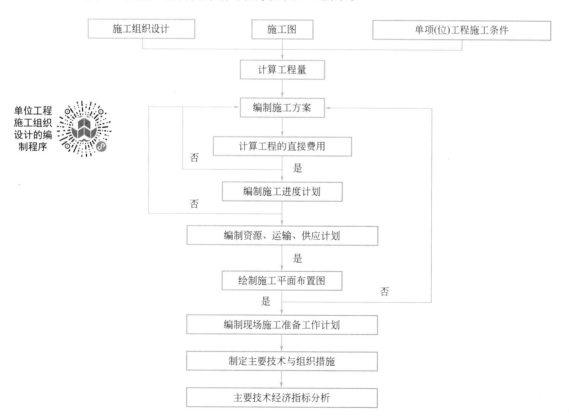

图 6-1　单位工程施工组织设计编写程序

6.1.5　单位工程施工组织设计的内容

根据工程性质、规模和复杂程度，单位工程施工组织设计在内容、深度和广度上会有不同要求，因而在编制时应从实际出发确定各种生产要素，如材料、机械、资金、劳动力等，使其真正起到指导建筑工程投标、现场施工的目的。单位工程施工组织设计较完整的内容一般包括如下 7 个方面。

1. 工程概况

主要包括拟建工程的性质、规模、建筑、结构特点、建设条件、施工条件、建设单位及上级的要求等。

2. 施工方案

包括确定总的施工顺序及施工流向，主要分部（分项）工程的划分及其施工方法的选择、施工段的划分、施工机械的选择、技术组织措施的拟定等。

3. 施工进度计划

主要包括划分施工过程和计算工程量、劳动量、机械台班量、施工班组人数、每天工作班次、工作持续时间，以及确定分部（分项）工程（施工过程）施工顺序及搭接关系、绘制进度计划表等。

4. 施工准备工作计划

主要包括施工前的技术准备、现场准备、机械设备、工具、材料、构件和半成品构件的准备，并编制准备工作计划表。

5. 资源需求量计划

包括材料需用量计划、劳动力需求用量计划、构件及半成品需求量计划、机械需求量计划、运输量计划等。

6. 施工平面图

主要包括施工所需机械、临时加工场地、材料、构件仓库与堆场的布置及临时水网电网、临时道路、临时设施用房的布置等。

7. 技术经济指标分析

主要包括工期指标、质量指标、安全指标、降低成本等指标的分析。

在单位工程施工组织设计的各项内容中，劳动力、材料、构件和机械设备等需求量计划，施工准备工作计划，施工现场平面布置图是指导施工准备工作进行，为施工创造物质基础的技术条件；施工方案和进度计划则主要是指导施工过程以及规划整个施工活动的文件。工程能否按期完工或提前交工，主要决定于施工进度计划的安排，而施工进度计划的制订又必须以施工准备、场地条件以及劳动力、机械设备、材料的供应能力和施工技术水平等因素为基础。反过来，各项施工准备工作的规模和进度、施工平面图的分期布置、各种资源的供应计划等又必须以施工进度计划为依据。因此，在编制时，应抓住关键环节，同时处理好各方面的相互关系，重点编好施工平面布置图、施工方案和施工进度计划表，即常说的"一图一案一表"。抓住 3 个重点，突出技术、时间和空间三大要素，其他问题就会迎刃而解。

一般的建筑结构类型、规模不大的单位工程的施工组织设计可以编制得简单些。编制的主要内容可以概括为"一图一案一表一算","图"为施工平面图,"案"为施工方案,"表"为施工进度计划表,"算"为施工预算(或工程量计算)。再辅以对工程特点概括性描述的工程概况,这"一图一案一表一算"就构成了简单的单位工程施工组织设计的基本内容。

6.2 工程概况和施工特点分析

工程概况是单位工程施工组织设计的第一步,是指拟建工程的工程特点、建设地点特征、施工条件、施工特点、施工目标及项目组织机构等做一个简要、突出重点的文字介绍。工程概况的表达形式可以是文字或表格,最好配有简要图纸。

编写工程概况的目的:一是做到编制者心中有数,以便合理选择方案,提出相应措施;二是做到审批人了解情况,以判断方案的可行性、合理性、经济性、先进性。

工程概况的内容包括工程特点、建设地点特征、施工条件、施工特点分析和管理组织结构等方面。

6.2.1 工程特点

1. 工程建设概况

单位工程施工组织设计刚开始就应对建设单位,建设地点,工程性质、名称、用途,资金来源及造价,开/竣工日期,设计单位,施工总分包单位,上级有关文件、要求,施工图纸情况,施工合同是否签订等作出简单介绍。这些基本情况的介绍可以以表格的形式展示,见表6-1。

工程概况 表6-1

建设单位	—	建筑结构			建筑装修	
勘察单位	—	层数	—	楼板	—	外粉	—
设计单位	—	基础	—	屋架	—	内粉	—
监理单位	—	墙体	—	吊车梁	—	楼面	—
施工单位	—	柱	—			地面	—
建筑面积	—	梁	—			天棚	—
工程造价	—	模板	—			门窗	—

计划	开工日期	—	地质情况	—
	竣工日期	—		
编制程序	上级文件和要求	—	地下水位	—
	施工图纸情况	—		
	合同签订情况	—	气温	—
	土地征购情况	—		
	"三通一平"落实情况	—	雨量	—
	主要材料落实程度	—		
	临时设施解决办法	—	其他	—
	其他	—		

2. 建筑设计概况

（1）建筑设计

建筑设计概况说明总建筑面积及地上和地下部分的建筑面积、层数、层高；明确檐口高度、基础埋深和轴网尺寸；应介绍地下部分和首层、标准层、屋面层的层高与功能；应明确防水要求，说明建筑防火设计和抗震设计要求；注明内、外装饰及屋面的做法；并附上平面、立面、剖面简图。

（2）结构设计

结构设计概况应说明建筑结构设计等级、使用年限；明确抗震设防等级；注明土质情况、渗透系数、持力层的情况；注明地下水位；明确基础类型、做法、埋深及设备基础形式；注明地下室主要部位的结构参数、混凝土的强度等级；说明主体结构的体系和类型、预制构件类型、屋面结构类型；注明砌体工程的部位和使用材料。

（3）设备安装设计

设备安装设计概况应主要说明建筑采暖卫生与煤气工程、电器安装工程、通风与空调工程、电气安装工程、消防、监控及楼宇自动化等设计要求和系统做法；应说明使用的特殊设备。

6.2.2　建设地点特征

建设地点特征主要包括拟建工程的位置、地形、工程地质、水文地质条件；当地气温、风力、主导风向、雨量、冬雨季时间、冻层深度等。

6.2.3　施工条件

施工条件主要包括拟建工程的"三通一平"的完成情况；场地周围环境；劳动力、材料、构件、加工品、机械供应和来源；施工技术和管理水平；现场暂设工程的解决办法等。

6.2.4 施工特点分析

简要介绍拟建工程的施工特点和施工中的关键问题，以便在选择施工方案、组织资源供应、配备技术力量及在施工组织方面采取有效措施时，保证工程的顺利开展。

6.3 施工方案与施工方法

施工方法的确定以及施工方案的选择是编制单位工程施工组织设计的重点，是整个单位工程施工组织设计的核心。它直接影响工程施工的质量、工期和经济效益，因而，施工方案的选择是非常重要的工作。施工方案的选择主要包括确定施工展开程序和起点流向、划分施工段、确定施工顺序、确定施工方法、选择施工机械等内容。

6.3.1 选择施工方案

1. 收集资料

与本工程有关的资料。如施工图纸、主管部门的批示文件及有关要求、工程预算文件及有关定额、建设单位对工程施工提供的条件、施工合同、施工条件、施工现场的勘察资料、有关的国家规定和标准等。

2. 了解工程概况

主要了解拟建工程的特点、建设地点特征和施工条件等内容。

（1）基本概况

单位工程施工组织设计一开始就应对工程的最基本情况，如建设单位、设计单位、监理单位、建筑面积、结构形式、装饰特点、造价等作简单介绍，使人一目了然。对这些基本情况可以做成工程概况表的形式，见表 6-2。

工程概况表 表 6-2

序号	项目		内容
1	工程名称		学生1号公寓
2	工程业主		广西理工职业技术学院
3	设计单位		某市建筑设计院
4	建筑面积		5639.29m²
5	工程地点		学校内
6	结构形式		全现浇钢筋混凝土结构
7	基础形式		独立基础
8	建筑用途	首层	活动室、宿舍
9		二到六层	宿舍

（2）建筑结构设计特点

建筑方面主要介绍拟建工程的建筑面积、建筑层数、建筑高度、平面形状及室内外装修等情况。结构方面主要介绍基础类型、埋置深度、结构类型、抗震设防烈度，是否采用新结构、新技术、新工艺和新材料等，由此说明需要施工解决的重点与难点问题，同时可以附上项目的建筑平、立、剖面图及结构布置图，使人阅读后对工程特点有所了解。建筑与结构设计的特点，见表 6-3 和表 6-4。

建筑设计的特点   表 6-3

工程项目名称		学生 1 号公寓	
建筑性质	民用建筑	建筑等级	二级
建筑耐火等级	二级	建筑构件燃烧性能等级	A 级
主要结构型式	主体建筑	框架结构	基础形式	独立基础
建筑层数	地上	6 层	地下	无
建筑高度		21m	建筑占地面积	916.11m²
建筑构造及装修	外墙材料、厚度	混凝土空心砌块，外墙 200	承重内墙材料	钢筋混凝土 200
	外门窗材料	塑钢门窗	楼面	地砖
	地面	地砖	屋面防水等级	Ⅱ级
建筑设备	热水供应	有	饮用水供应	有
	空调	有	采暖（特殊要求）	无
	吹风机	有	通风（特殊要求）	无
	监控	有	综合布线	有
	广播	有	数字电视	无

结构设计特点   表 6-4

土质情况	持力层为砂质粉土、黏质粉土、局部粉质黏土		
基本风压值	0.5kN/m²		
基础类型	独立基础	结构形式	钢筋混凝土框架结构
抗震设防烈度	7 度	抗震设防类别	丙类
混凝土强度等级	梁柱为 C30，板为 C25（具体参照混凝土强度等级表）		
钢筋类别	HPB235 级、HRB335 级和 HRB400 级		

（3）施工条件及分析

包括施工现场条件；气象资料分析；其他资源的调查与分析。

（4）工程施工特点分析

主要介绍拟建工程施工特点和施工中关键问题、难点所在，以便突出重点、抓住关键，使施工顺利进行，提高施工单位的经济效益和管理水平。工程施工特点分析见表 6-5。

现场施工条件 表 6-5

项目	内容
环境、地貌	场地较平坦
地上、地下物的情况	无障碍物、无不良地质情况、无地下水
"三通一平"情况	道路、水、电均已接通，场地已平整
现场水、电源供应点	水源在场地北侧，电源在场地的东北角

6.3.2 熟悉施工程序和施工流向

1. 开工前后的展开程序：施工准备→开工报告及审批→开始施工。

工程建设项目的开工，是指设计文件中规定的永久性工程第一次开始施工的时间。分期建设的项目，其开工建设是指第一期工程开始施工的时间。单项工程建筑物的开工，是指工程正式破土或建筑物的基础工程动工，也算为开工。在这之前的施工准备工作，如平整场地、拆迁建筑物、小型临时设施等临时工程都不算工程开工。

施工前应做到：

（1）设计文件、施工图纸经审核能满足施工需要。

（2）单位工程实施性施工组织设计已经编制完成并经审批；施工工序及有关工序的施工工艺并已经审核；涉及的重大施工方案、技术方案已经监理单位审核通过；观测、检测方案已通过驻地监理审查；施工指南、施工规范、质量验收标准、实施细则和工序、工艺施工要求已经驻地监理和总监理审核。

（3）设计单位的设计交底及现场交桩已经完成，施工贯通复测已完成并且复测，测量结果满足有关规定要求，施工桩盖备，测量放线准确无误；工点放样已完成，并已经监理工程师确认。

（4）按规定单位工程施工图核对工作已经完成；地质复核工作已经完成；需完善、优化的变更设计图已到齐，且经核对无误，设计文件，施工图纸能满足施工需要。

（5）施工机具、设备已按投标承诺进场，满足施工需要，并已安装调试就绪，材料储备能满足连续施工需要。

（6）现场管理机构已设立，主要管理人员已到位；项目负责人、技术负责人以及质量责任人、安全责任人已经明确；单位工程的现场技术负责人、质量责任人、安全责任人已经明确并到位；进场人员（含劳务人员）数量满足施工需要，且全部经培训合格。

（7）完成征地、拆迁或先行用地审批，施工场地清理、平整、硬化达到规定要求，临建工程（道路、水、电、通信、办公和生活设施）满足开工要求，安全、环保、水保等措施符合公司有关规定要求。

（8）工地试验室已经建立，仪器设备齐全已标定并已取得试验资质；检测仪器齐全且经检验合格，检测方案已经监理单位审批；且完成了检验、水质化验、配合比选定等必要的试验工作。

（9）针对该单位工程特点的突发事件处理办法和保障措施已经制订。

（10）本工程施工期的有关保障措施已编制。

单位工程的展开程序

（11）其他应做的准备工作已完成。

2. 单位工程的展开程序（各分部工程间的先后顺序与相互关系）：

一般建筑需遵循：先地下，后地上；先主体，后围护；先结构，后装饰；先土建，后设备。

（1）先地下后地上，是指地上建筑工程开始之前，尽量先把管线等地下设施、土方工程和基础工程完成或基本完成，以免对地上部分施工产生干扰，既给施工带来不便，又会造成浪费，影响工程质量和进度。

（2）先主体后围护，是指混凝土结构的主体结构与围护结构应该有合理的搭接，从而可以有效缩短工期。

（3）先结构后装饰，是指先完成主体结构的施工，再进行装饰工程的施工，但有时为了能够缩短工期，也可以部分进行搭接。

（4）先土建后设备，是指土建工程的施工一般应先于水、电、暖、通信等建筑设备的安装。一般在土建施工的同时也要配合相关建筑设备的预埋工作，大部分可穿插进行。尤其是在装饰装修阶段，处理好各工作之间的关系尤为重要。

🔍 知识链接2

1. "先土建，后设备"一般适用于封闭式施工。例如，对一般机械厂房，顺序为：结构完→设备安装；对精密工业厂房，顺序为装修完→设备安装。虽然先土建后设备，但是它们之间更多的是穿插配合关系。

2. "先设备，后土建"一般适用于敞开式施工，如重工业（冶金、发电厂等）。

3. 施工起点流向：指在平面或竖向空间开始施工的部位及其流动方向。如图 6-2 所示。

"封闭式"施工程序

确定时应考虑的因素：

（1）建设单位的要求。

（2）施工的繁简程度。

"敞开式"施工程序

（3）生产工艺或使用要求。

（4）根据施工现场条件确定。

（5）构造合理、施工方便。

设备安装与土建施工同时进行

（6）保证工期和质量。

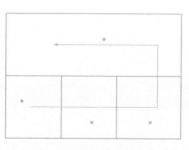

图 6-2　施工起点流向

🔍 知识链接3

例如装饰装修工程的施工起点流向

主体结构完工之后，项目进入装饰施工阶段。该阶段分项工程较多、消耗的劳动量较大、工期较长，并且对砖混结构施工的质量有较大的影响。因而必须确定合理的施工顺序与方法来组织施工。装饰施工阶段主要的工作过程有：内外墙抹灰、安装门窗扇、安装玻璃和油漆、内墙刷浆、室内地坪、踢脚线、屋面防水、安装落水管、明沟、散水、台阶以及水、暖、电、卫等，其中主导工程是抹灰工程，安排施工顺序应以抹灰工程为主导，其余工程可交叉、平行、穿插进行。

室外装饰的施工顺序一般为自上而下，同时拆除脚手架。

"自上而下"流向与"自下而上"流向

室内抹灰的施工顺序从整体上通常采用自上而下、自下而上、自中而下再自上而中三种施工方案。

1）自上而下的施工顺序。该施工顺序通常在主体工程封顶做好屋面防水层后，由顶层开始逐层向下施工。其优点是主体结构完成后，建筑物已有一定的沉降时间，且屋面防水已经做好，可以防止雨水渗漏，保证室内抹灰的施工质量。此外，采用自上而下的施工顺序，交叉工序较少，工序之间相互影响小，便于组织施工和管理，保证施工安全。其缺点是不能与主体工程搭接施工，因而工期较长。该施工顺序常用于多层建筑的施工，如图6-3所示。

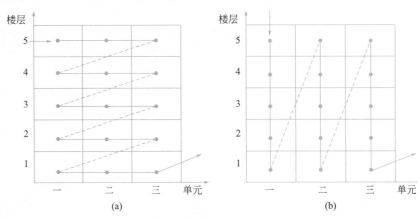

图6-3 自上而下的施工流向

（a）水平向下；（b）垂直向下

2）自下而上的施工顺序。该顺序通常与主体结构间隔二到三层平行施工。其优点是可以与主体结构搭接施工，所占工期较短。其缺点是交叉工序多，不利于组织施工和管理，也不利于安全控制。另外，上面主体结构施工用水容易渗漏到下面的抹灰上，不利于保证室内抹灰的质量。该施工顺序通常用于高层、超高层建筑和工期紧张的工程，如图6-4所示。

（3）自中而下再自上而中的施工顺序。

该顺序结合了上述两种施工顺序的优缺点。一般在主体结构进行到一半时，主体

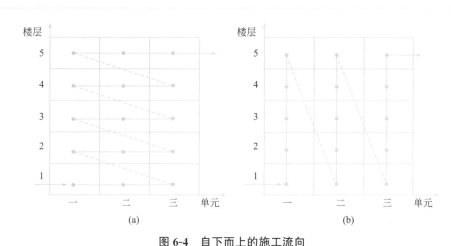

图 6-4 自下而上的施工流向

（a）水平向上；（b）垂直向上

结构继续向上施工，而室内抹灰则向下施工，这样，抹灰工程距离主体结构施工的工作面越来越远，相互之间的影响也减小。该施工顺序常用于层数较多的工程，如图 6-5 所示。

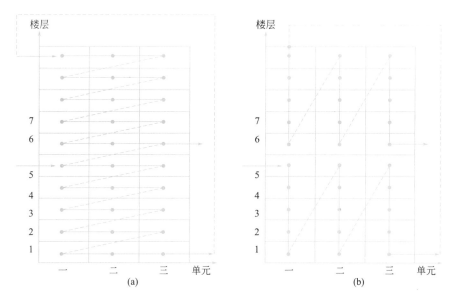

图 6-5 高层建筑装饰装修工程自中而下再自上而中地流向

（a）水平向下；（b）垂直向下

流向室内同一层的顶棚、墙面、地面的抹灰施工顺序通常有两种。一种是"地面→顶棚→墙面"，采用这种顺序可使得室内清理简便，有利于保证地面施工质量，且有利于收集顶棚、墙面的落地灰，节省材料。但地面施工完成以后，需要一定的养护时间才能施工顶棚、墙面，因而工期较长。另外，还需注意地面的保护。另一种是"顶棚→墙面→地面"，这种施工顺序的好处是工期短。但施工时，如不注意清理落地灰，会影响地面抹灰与基层的粘结，造成地面起拱。

楼梯和过道是施工时运输材料的主要通道，它们通常在室内抹灰完成以后，再自上而下施工。楼梯、过道、室内抹灰全部完成以后，进行门窗扇的安装，然后进行油漆工程，最后安装门窗玻璃。

6.3.3 划分施工段

在组织流水施工时，通常把施工对象划分为劳动量相等或大致相等的若干段，这些段称为施工段。每一个施工段在某一段时间内只供给一个施工过程使用。施工段可以是固定的，也可以是不固定的。在固定施工段的情况下，所有施工过程都采用同样的施工段，施工段的分界对所有施工过程来说都是固定不变的。在不固定施工段的情况下，对不同的施工过程分别规定出一种施工段划分方法，施工段的分界对于不同的施工过程是不同的。固定的施工段便于组织流水施工，应用较广，而不固定的施工段则较少采用。

1. 划分施工段应考虑的因素

划分施工段应考虑的因素有如下 4 点。

(1) 施工段的分界同施工对象的结构界限（温度缝、沉降缝和建筑单元等）尽可能一致。

(2) 各施工段上所消耗的劳动量尽可能相近。

(3) 划分的段数不宜过多，以免使工期延长。

(4) 各施工过程均应有足够的工作面。

注意：基础少分段，主体按主导施工过程分段，装饰以层分段或每层再分段。

2. 几种常见建筑的分段

(1) 多层砖混住宅

多层砖混住宅的分段如下：

1) 结构：2～3 个单元为 1 段，每层分 3 段或以上（面积小者栋号流水）。

2) 外装饰：按脚手架步数分层，每层分 1～2 段。

3) 内装饰：每单元为 1 段或每层分 2～3 段。

(2) 单层工业厂房

单层工业厂房的分段如下：

1) 基础：按模板配置量分段。

2) 构件预制：分类、分跨，考虑模板量分段。

3) 吊装：按吊装方法和机械数量考虑。

4) 围护结构：按墙长对称分段，与脚手架、圈梁、雨棚等配合。

5) 屋面：分跨或以伸缩缝分段。

6) 装饰：自上至下或分区进行。

6.3.4 确定施工顺序

施工顺序：指分部分项工程施工的先后次序。

确定施工顺序，应考虑：

（1）遵循施工程序。

（2）符合施工工艺（框架柱：扎钢筋→支模→浇混凝土→养护→拆模）。

（3）与施工方法一致。

（4）按照施工组织的要求。

（5）考虑施工安全和质量。

（6）考虑当地气候的影响。

1. 多层砖混结构房屋的施工顺序

分为基础工程→主体结构工程→屋面及装修工程三个阶段。各施工阶段的工作内容与施工顺序如图 6-6 所示。

基础工程的施工顺序：挖土→垫层→砌基础→防潮层→回填土。

主体结构工程的施工顺序：搭脚手架→测量放线→绑扎构造柱钢筋→砌筑墙体→安装构造柱及楼面模板→浇捣构造柱混凝土→绑扎楼面梁板钢筋→浇筑楼面混凝土。

在混合结构中，砌筑墙体是主要的施工过程。

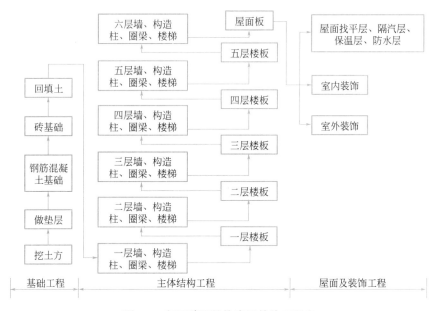

图 6-6 多层砖混结构房屋的施工顺序

2. 现浇钢筋混凝土结构的施工顺序

现浇钢筋混凝土结构建筑是目前应用最广泛的建筑形式，其总体施工仍可分为基础工程施工、主体结构工程施工、屋面及装饰装修工程施工。各施工阶段的工作内容与施工顺序如图 6-7 所示。

（1）基础工程的施工顺序

对于钢筋混凝土结构工程，其基础形式有桩基础、独立基础、筏形基础、箱形基础以及复合基础等，不同的基础的施工顺序（工艺）不同。

1）桩基础的施工顺序。对于人工挖孔灌注桩，其施工顺序一般为：人工成孔→验

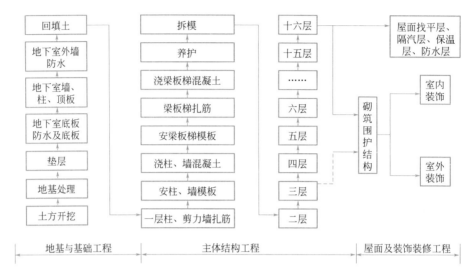

图 6-7　高层框架-剪力墙结构建筑的施工顺序

孔→落放钢筋骨架→浇筑混凝土。对于钻孔灌注桩，其施工顺序一般为：泥浆护壁成孔→清孔→落放钢筋骨架→水下浇筑混凝土。对于预制桩，其施工顺序一般为：放线定桩位→设备及桩就位→打桩→检测。

2）钢筋混凝土独立基础的施工顺序。一般施工顺序为：开挖基坑→验槽→做混凝土垫层→扎钢筋支模板→浇筑混凝土→养护→回填土。

3）箱形基础的施工顺序。施工顺序一般为：开挖基坑→做垫层→箱底板钢筋、模板及混凝土施工→箱墙钢筋、模板、混凝土施工→箱顶钢筋、模板、混凝土施工→回填土。

在箱形基础、筏板基础施工中，土方开挖时应做好支护、降水等工作，防止塌方，对于大体积混凝土应采取措施防止裂缝产生。

（2）主体工程的施工顺序

对于主体工程的钢筋混凝土结构施工，总体上可以分为两大类构件：一类是竖向构件，如墙、柱等；另一类是水平构件，如梁、板等，因而其施工总的顺序为先竖向再水平。

1）竖向构件施工顺序。对于柱与墙，其施工顺序基本相同，即放线→绑扎钢筋→预留预埋→支模板及脚手架→浇筑混凝土→养护。

2）水平构件施工顺序。对于梁、板一般同时施工，其顺序为：放线→搭脚手架→支梁底模、侧模→扎梁钢筋→支板底模→扎模钢筋→预留预埋→浇筑混凝土→养护。

现在，随着商品混凝土的广泛应用，一般同一楼层的竖向构件与水平构件混凝土应同时浇筑。

（3）屋面及装饰装修工程的施工顺序

屋面工程阶段的施工顺序一般按设计构造的层次依次进行施工，施工顺序一般为找平层施工→隔汽层施工→保温层施工→找平层施工→结合层施工→防水层施工→隔热层施工。

🔍 知识链接4

屋面做法根据防水层和保温层上下顺序的不同可分为正置式屋面和倒置式屋面。

1. 正置式屋面

正置式屋面，是指保温层在防水层下方的屋面。这也是以前常用的传统屋面做法，因为保温层被防水层保护着，所以这种做法对保温材料的憎水性没有特殊要求。

正置式屋面有以下特点：

（1）需要设置排气孔

因为防水层将保温层全部封闭住了，所以找坡层与保温层中的湿气排不出来，为了防止水汽蒸发使防水层起鼓，就需要在屋面上设置一定数量的排气孔。

（2）防水材料容易老化

因为正置式屋面的防水层在上面，受到风吹日晒的影响，所以容易老化。

（3）容易窜水

屋面防水层下方有保温、找坡等做法，故有很多水流通道，一旦漏水，水有可能四处乱窜，很难找到漏点。

2. 倒置式屋面

倒置式屋面是指保温层位于防水层上方的屋面。注意，因为保温层外露，所以必须采用"憎水性"保温材料，不然就悲剧了。

倒置式屋面有以下特点：

（1）不用设置排气孔

跟正置式屋面相反，防水层没有将保温层封闭，所以不影响保温层内部水汽蒸发，故不用设置排气孔。

（2）防水材料不易老化

跟正置式屋面相比，防水层外面有保温层的防护，减少了风吹日晒的影响，所以防水材料更耐久。

（3）维修时需要破坏保温层

对于装饰工程，其总体施工顺序与前面讲述的砖混结构装饰工程的施工顺序相同，即"先外后内，室外由上到下，室内既可以由上向下，也可以由下向上"。对于多层、小高层或高层钢筋混凝土结构建筑，特别是高层建筑，为了缩短工期，其装饰和水、电、暖通设备是与主体结构施工搭接进行的，一般在主体结构做好几层后随即开始。装饰和水、电、暖通设备安装阶段的分项工程很多，各分项工程之间、一个分项工程中的各个工序之间，均需按一定的施工顺序进行。虽然有许多楼层的工作面可组织立体交叉作业，其基本要求也与混合结构的装修工程相同，但由于高层建筑的内部管线多、施工复杂，因此组织交叉作业时尤其要注意各作业之间相互关系的协调以及质量和安全问题。

3. 装配式单层工业厂房的施工顺序

由于单层工业厂房生产工艺的需要，其厂房类型、建筑平面、造型或结构构造都与民用建筑有相当大的差别，且具有设备基础和各种管网。装配式钢筋混凝土单层厂房施工共分基础工程、预制及养护工程、安装工程、围护工程、屋面及装饰工程5个主要阶段。由于基础工程与预制养护工程之间没有相互制约的关系，因此它们之间就没有既定的顺序，只要保证在结构安装之前完成，并满足吊装的强度要求即可。各施工阶段的工作内容与施工顺序如图 6-8 所示。

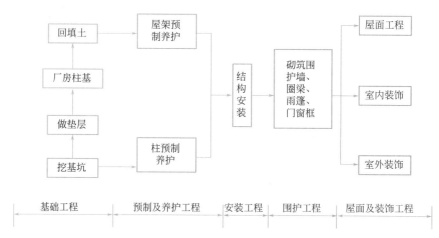

图 6-8 单层装配式厂房的施工顺序

（1）基础工程的施工顺序

单层工业厂房的柱基础一般为现浇杯形基础。基本施工顺序为基坑开挖→做垫层→浇筑杯形基础混凝土→回填土。若是重型工业厂房基础，对土质较差的工程则需打桩或做其他人工地基；如遇深基础或地下水位较高的工程，则需采取人工降低地下水位的措施。

大多数单层工业厂房都有设备基础，特别是重型机械厂房，设备基础既深又大，其施工难度大、技术要求高、工期也较长。设备基础的施工顺序如何安排，会影响到主体结构的安装方法和设备安装的进度。因此工业厂房内有大型设备基础时，其施工方案有以下两种。

1）当设备基础的埋置深度大于厂房柱基础的埋深时，采用"开敞式"施工。这是遵照一般先地下、后地上的顺序，设备基础与厂房基础的土方同时开挖。由于开敞式的土方量较大，可用正铲、反铲挖掘机以及铲运机开挖。这种施工方法工作面大、施工方便，并为设备提前安装创造条件。当设备基础较复杂、埋置深度大于厂房柱基础的埋置深度并且工程量大时，"开敞式"施工方法较适用。

2）当厂房柱基础的埋深大于设备基础的埋置深度时，采用"封闭式"施工。这种施工顺序是先建厂房，后做设备基础。

一般来说，当厂房施工在冬季或雨季进行时，或设备基础不大，在厂房结构安装后对厂房结构的稳定性并无影响时，或对较大、较深的设备基础采用了特殊的施工方法时，可采用"封闭式"施工。

（2）预制及养护工程的施工顺序

单层工业厂房的预制构件有现场预制和加工厂预制两大类。在具体确定预制方案时，应结合构件技术特征、当地加工厂的生产能力、拟建工程的工期要求、现场施工及运输条件等因素，经技术分析论证后确定。

预制工程的一般施工顺序为：场地平整夯实→构件支模→绑扎钢筋（预埋件）→浇筑

混凝土→养护。若是预应力构件，则应加上"预应力钢筋的制作→预应力筋张、拉锚固→灌浆"。

由于现场预制构件时间较长，为了缩短工期，原则上先安装的构件（如柱等）应先预制。但总体上，现场预制构件（如屋架、柱等）应提前预制，以满足一旦杯形基础施工完成，达到限定的强度后就可以吊装柱子，柱子吊装完成灌浆，固定养护达到规定的强度后就可以吊装屋架，从而达到缩短工期的目的。

（3）安装工程的施工顺序

装配式单层工业厂房的结构安装是整个厂房施工的主导施工过程，一般的安装顺序为：柱子安装校正固定→连系梁的安装→吊车梁安装→屋盖结构安装（包括屋架、屋面板、天窗等）。在编制施工组织计划时，应绘制构件现场吊装就位图和起吊机的开行路线图（包括每次开行吊装的构件及构件编号图）。

安装前应做好其他准备工作，包括构件强度核算、基础杯底抄平、杯口弹线、构件的吊装验算和加固、起重机稳定性及起重能力核算、起吊各种构件的索具准备等。

单层厂房安装顺序有两种。一种是分件吊装法，即先依次安装和校正全部柱子，然后安装屋盖系统等。采用这种方式的优点是起重机在同一时间安装同一类型的构件，包括就位、绑扎、临时固定、校正等工序并且使用同一种索具，劳动组织不变，可提高安装效率。缺点是增加起重机的开行路线。另一种是综合吊装法，即逐个节间安装，连续向前推进。方法是先安装 4 根柱子，立即校正后安装吊车梁与屋盖系统，一次性安装好纵向一个柱距的节间。这种方式的优点是可缩短起重机的开行路线，并且可为后续工序提前创造工作面，实现最大搭接施工，缺点是安装索具和劳动力组织有周期性变化而影响生产率。上述两种方法在单层厂房安装工程中均有采用。一般在工程实践中，综合吊装法应用相对较少。

对于厂房两端的山墙，其安装通常也有两种方法。一种是随一般柱一起安装，即起重机从厂房一端开始，首先安装抗风柱，安装就位后立即校正固定。另一种方法是待单层厂房的其他构件全部安装完毕后，安装抗风柱，校正后立即与屋盖连接。

（4）围护工程的施工顺序

围护工程的施工主要包括墙体工程、安装门窗框和屋面工程，对这类工程可以组织平行、搭接、立体交叉流水施工，尽量利用工作面安排施工。一般情况下，当屋盖安装后先进行屋面灌缝，随即进行地坪施工，并同时进行砌墙，砌墙结束后紧跟着进行内外粉刷。

（5）屋面及装饰工程的施工顺序

装配式建筑工程屋面工程的施工工艺流程为：基层处理→管根固定→保温找坡层施工→防水施工→砂浆隔离层施工→面层施工→分隔缝灌缝。

屋面防水工程一般应在屋面板安装后马上进行。屋面板吊装固定之后随即可进行灌缝及抹水泥砂浆，做找平层。若做柔性防水层面，则应等找平层干燥后再开始做防水层，在做防水层之前应将天窗扇和玻璃安装好并油漆完毕，还要避免在刚做好防水层的屋面上行走和堆放材料、工具等物，以防损坏防水层。

装饰工程的施工分为室内装饰和室外装饰两部分。室内装饰包括地面的平整、垫层、面层、门窗扇和玻璃安装、油漆及刷白等工程；室外装饰包括勾缝、抹灰、勒脚、散水坡等工程。

一般单层工业厂房装饰标准较低，所占工期较短，可与设备安装等工序穿插进行。如单层厂房的门窗油漆可以在内墙刷大白以后马上进行，也可以与设备安装同时进行。地坪应在地下管道、电缆完成后进行，以免凿开嵌补。

以上对砖混结构、钢筋混凝土结构及装配式单层工业厂房施工的施工顺序安排做了一般说明，是施工顺序的一般规律。在实践中，由于影响施工的因素很多，各具体的施工项目的施工条件各不相同，因而，在组织施工时应结合具体情况和本企业的施工经验，因地制宜地确定施工顺序组织施工。

🔍 知识链接5

屋面工程施工过程中可能发生的情况及对策见表6-6。

屋面工程施工过程中可能发生的情况及对策 表6-6

序号	可能发生的情况	原因分析	对策
1	防水基层找坡不准，排水不畅	排水坡度不符合设计要求	1. 根据建筑物的使用功能，在设计中应正确处理分水、排水和防水之间的关系。 2. 屋面找平层施工时，应严格按照设计坡度拉线，并在相应位置上设基准点（冲筋）。 3. 屋面找平层施工完成后，对屋面坡度、平整度应及时组织验收。必要时可在雨后检查屋面是否积水
2	找平层起砂、起皮	结构层或保温层高低不平，导致找平层施工厚度不均	严格控制结构或保温层的标高，确保找平层的厚度符合设计要求
3	找平层开裂、空鼓	找平层的开裂还与施工工艺有关，如抹压不实、养护不良等	找平层应设分格缝，分格缝宜设在板端处，其纵横的最大间距：水泥砂浆或细石混凝土找平层不宜大于6m；水泥砂浆找平层分格缝的缝宽宜小于10mm，如分格缝兼作排气屋面的排气道时，可适当加宽为20mm，并应与保温层相连通
4	细部构造不当	施工管理不善，操作工无上岗证，没有编制防水施工方案，施工前没有技术交底，没有按图纸和规范施工，没有按每道工序检查	阴角都要抹圆弧，阳角要抹钝角，圆弧半径为100mm左右
5	卷材施工后破损	1. 基层清扫不干净，在防水层内残留砂粒或小石子。 2. 人员穿带钉的鞋子操作。 3. 卷材防水层上做刚性材料保护层时，运输小车（如手推车）直接将砂浆或混凝土材料倾倒在防水卷材上	1. 卷材防水层施工前应进行多次清扫，铺贴卷材前还应检查是否有残存的砂石粒屑；遇五级以上大风时应停止施工，防止脚手架上或上一层建筑物上刮下灰砂。 2. 施工人员必须穿软底鞋操作，无关人员不准在铺好的防水层上随意行走或踩踏。 3. 在卷材防水层上做保护层时，运输材料的手推车必须包裹柔软的橡胶或麻布；在倾倒砂浆或混凝土材料时，其他运输通道上必须铺设木垫板，以防损坏卷材防水层

续表

序号	可能发生的情况	原因分析	对策
6	热熔法铺贴卷材时，因操作不当造成卷材起鼓	1. 因加热温度不均匀，致使卷材与基层之间不能完全密贴，形成部分卷材脱落与起鼓。 2. 卷材铺贴时压实不紧，残留的空气未全部赶出	高聚物改性沥青防水卷材施工时，火焰加热要均匀、充分、适度。趁热推滚，排尽空气。卷材被热熔粘贴后，要在卷材尚处于较柔软时，就及时进行滚压
7	板块材料保温层含水率过大	1. 保温材料吸水率大，制品成型时拌合水量过大，水分不易蒸发。 2. 在铺贴好的块状制品上抹找平层砂浆前浇水过多，抹找平层砂浆后水分不易蒸发掉	1. 制品进场时应有标明表观密度、含水率、导热系数、强度、尺寸偏差的质量证明文件，必要时应作抽样检查。制品进场后应堆码在室内，如条件不允许而堆码在室外时，下面应垫板，上面设置防雨水设施。 2. 在铺设好的保温层上抹找平层砂浆时，应用喷壶洒水，不得使用胶管浇水。 3. 找平层水泥砂浆，可掺加减水剂活微沫剂，以增大流动性，减少用水量。 4. 待保温层干至允许含水率后做防水层

6.3.5　施工方法和施工机械的选择

1. 确定施工方法的原则

施工方法确定的原则有如下三点。

（1）具有针对性。在确定某个分部（分项）工程的施工方法时，应结合本分项工程的情况，不能泛泛而谈。例如，模板工程应结合本分项工程的特点来确定其模板的组合、支撑及加固方案，画出相应的模板安装图，不能仅仅按施工规范确定安装要求。

（2）体现先进性、经济性和适用性。选择某个具体的施工方法（工艺）首先应考虑其先进性，保证施工的质量。同时还应考虑到在保证质量的前提下，该方法是否经济和适用，并对不同的方法进行经济评价。

（3）保障性措施应落实。在拟定施工方法时不仅要拟定操作过程和方法，而且要提出质量要求。

2. 施工方法的内容

在选择主要的分部（分项）工程施工时，应包括以下内容。

（1）土石方工程

1）计算土石方工程量，确定开挖或爆破方法，选择相应的施工机械。当采用人工开挖时应按工期要求确定劳动力数量，并确定如何分区分段施工。当采用机械开挖时应选择机械挖土的方式，确定挖掘机型号、数量和行走线路，以充分利用机械能力，达到最高的挖土效率。

2）对地形复杂的地区进行场地平整时，需确定土石方调配方案。

3）基坑深度低于地下水位时，应选择降低地下水位的方法，确定降低地下水所需设备。

4）当基坑较深时，应根据土壤类别确定边坡坡度和土壁支护方法，确保安全施工。

（2）基础工程

1）基础需设施工缝时，应明确留设位置和技术要求。

2）确定浅基础的垫层、混凝土和钢筋混凝土基础施工的技术要求或有地下室时防水施工技术要求。

3）确定桩基础的施工方法和施工机械。

（3）砌筑工程

1）明确砖墙的砌筑方法和质量要求。

2）明确砌筑施工中的流水分段和劳动力组合形式等。

3）确定脚手架搭设方法和技术要求。

（4）混凝土及钢筋混凝土工程

1）确定混凝土工程施工方案，如滑模法、爬升法或其他方法等。

2）确定模板类型和支模方法。重点应考虑提高模板周转利用次数，节约人力和降低成本，对于复杂工程还需进行模板设计和绘制模板放样图或排列图。

3）钢筋工程应选择恰当的加工、绑扎和焊接方法。当钢筋在现场做预应力张拉时，应详细制定预应力钢筋的加工、运输、安装和检测方法。

4）选择混凝土的制备方案，如是采用商品混凝土，还是现场制备混凝土。确定搅拌、运输及浇筑顺序和方法，选择泵送混凝土和普通垂直运输混凝土机械。

5）选择混凝土搅拌、振捣设备的类型和规格，确定施工缝的留设位置。

6）如采用预应力混凝土，应确定预应力混凝土的施工方法、控制应力和张拉设备。

（5）结构吊装工程

1）根据选用的机械设备确定结构吊装方法，安排吊装顺序、机械位置、开行路线及构件的制作、拼装场地。

2）确定构件的运输、装卸、堆放方法，所需的机具、设备的型号和数量以及对运输道路的要求。

（6）装饰工程

1）围绕室内外装修，确定采用工厂化、机械化施工方法。

2）确定工艺流程和劳动组织，组织流水施工。

3）确定所需机械设备，确定材料的堆放、平面布置和储存要求。

（7）现场垂直、水平运输

1）确定垂直运输量（有标准层的要确定标准层的运输量），选择垂直运输方式，脚手架的选择及搭设方式。

2）水平运输方式及设备的型号、数量，配套使用的专用工具、设备（如混凝土车、灰浆车、料斗、砖车、砖笼等），确定地面和楼层上水平运输的行驶路线。

3）合理地布置垂直运输设施的位置，综合安排各种垂直运输设施的任务和服务范围，混凝土后台上料方式。

3. 选择施工机械

选择施工机械时应注意以下几点。

（1）应首先根据工程特点，选择主导工程的施工机械，如地下工程的土方机械，主体结构工程的垂直、水平运输机械，结构吊装工程的起重机械等。在选择装配式单层工业厂房结构安装用的起重机类型时，当工程量较大且集中时，可以采用生产效率较高的塔式起重机；但当工程量较小或工程量虽大却相当分散时，则采用无轨自行式起重机较为经济。

（2）在选择辅助施工机械时，必须充分发挥主导施工机械的生产效率，要使两者的台班生产能力协调一致，并确定出辅助施工机械的类型、型号和台数。如土方工程中自卸汽车的载重量应为挖掘机斗容量的整数倍，汽车的数量应保证挖掘机连续工作，使挖掘机的效率充分发挥。

（3）为便于施工机械化管理，同一施工现场的机械型号应尽可能少，当工程量大而且集中时，应选用专业化施工机械；当工程量小而分散时，可选择多用途施工机械。如挖土机既可用于挖土，又能用于装卸、起重和打桩。

（4）尽量选用施工单位的自有机械，以减少施工的投资额，提高自有机械的利用率，降低成本。当自有施工机械不能满足工程需要时，应购置或租赁所需新型机械。

6.4 施工进度计划

单位施工进度是在确定的施工方案基础上，根据工期要求和各种资源供应条件按照施工顺序及组织要求编制而成的，是单位工程施工组织设计的重要内容之一。单位工程施工组织进度管理应按照项目施工的技术规律和合理的施工顺序，保证各工序在时间上和空间上顺利衔接。

6.4.1 施工进度计划的概念

施工组织设计必须贯彻安全第一的思想，明确安全管理方针，对施工全过程作出预测，提出防范措施。以项目经理为首，由现场各方面的管理人员组成安全保证体系。安全技术措施应根据工程特点、施工方法、劳动组织和作业环境进行有针对性的编制，且必须渗透到工程各阶段、分项工程、单项方案和各工艺中。安全施工设计要针对性、具体化、及时性。

6.4.2 施工进度计划的作用

施工进度计划的主要作用是为编制企业季度、月度生产计划提供依据，也为平衡劳动力、调配、供应各种施工机械和各种物资资源提供依据，同时也为确定施工现场的临时设施数量和动力设备等提供依据。至于施工进度计划与其他各方面，如施工方法是否合理、工期是否满足要求等更是有着直接的关系，而这些因素往往是相互影响和相互制约的。因此，编制施工进度计划应细致、周密地考虑这些因素。

6.4.3 施工进度计划的分类

单位工程施工进度计划根据施工项目划分的粗细程度，可分为控制性施工进度计划和指导性施工进度计划两类。

控制性施工进度计划的工作项目可以划分得粗一些，一般只明确到分部工程即可。它主要适用于施工工期较长、结构比较复杂、资源供应暂无法全部落实的工程，或者工作内容可能发生变化和某些构件（结构）的施工方法暂还不能全部确定的情况。这时不可能也没有必要编制较详细的施工进度计划，往往就编制以分部工程项目为划分对象的施工进度计划，以便控制各分部工程的施工进度。但在进行分部工程施工前应按分项工程编制详细的施工进度计划，以便具体指导分部工程的现场施工。

指导性施工进度计划的工作项目必须详细划分，各分项工程彼此间的衔接关系必须明确。它适用于施工任务具体而明确、施工条件基本落实、各种资源供应平稳正常、施工工期不太长的工程。在一般情况下，单位工程施工进度计划中的工作项目应明确到分项工程或更具体，以满足指导施工作业、控制施工进度的要求。

6.4.4 施工进度计划的编制程序及步骤

1. 编制程序

单位工程施工进度计划是在既定施工方案的基础上，根据规定的工期和各种资源供应条件，对单位工程中的各分部（分项）工程的施工顺序、施工起止时间及衔接关系进行合理安排的计划。其编制程序为：收集编制依据→划分施工过程→确定施工顺序→计算工程量→套用工程量→套用施工定额→计算劳动量和机械台班需用量→确定施工过程的持续时间→确定各项目之间的关系及搭接→编制初步计划方案并绘制进度计划图→施工进度计划的检查与调整→绘制正式进度计划。

2. 编制步骤

（1）划分施工过程

施工过程是进度计划的基本组成单元，其划分的粗细、适当与否关系到进度计划的安排，因而应结合具体的施工项目来合理地确定施工过程。这里的施工过程主要包括直接在建筑物（或构筑物）上进行施工的所有分部（分项）工程，不包括加工厂的预制加工及运输过程，即这些施工过程不进入进度计划中，可以提前完成，不影响进度。在确定施工过程时，应注意以下5个问题。

1）施工过程划分的粗细程度，主要取决于进度计划的客观需要。编制控制性进度计划时，施工过程应划分得粗一些，通常只列出分部工程名称。编制实施性施工进度计划时，项目要划分得细一些，特别是其中的主导工程和主要分部工程，应做到尽量详细而且不漏项，以便于指导施工。

2）施工过程的划分要结合所选择的施工方案。施工方案不同，施工过程的名称、数量和内容也会有所不同。

3）适当简化施工进度计划的内容，避免工程项目划分过细、重点不突出。编制时可考虑将某些穿插性分项工程合并到主要分项工程中，如安装门窗框可以并入砌墙工程。对于在同一时间内，由同一工程队施工的过程可以合并为一个施工过程，而对于次要的零星分项工程，可合并为"其他工程"一项。

4）水、暖、电、卫工程和设备安装工程通常由专业施工队负责施工，因此，在施工进度计划中只要反映出这些工程与土建工程如何配合即可，不必细分。此项目可穿插进行。

5）所有施工过程应大致按施工顺序先后排列，所采用的施工项目名称可参考现行定额手册上的项目名称。

总之，施工过程划分要粗细得当，最后列出施工过程一览表以供使用。

（2）计算工程量

工程量的计算应严格按照施工图纸和工程量计算规则进行。当编制施工进度计划时，如已经有了预算文件，则可直接利用预算文件中有关的工程量；当某些项目的工程量有出入但相差不大时，可结合工程项目的实际情况做一些调整或补充。计算工程量时应注意以下 4 个问题。

1）各分部（分项）工程的计算单位必须与现行施工定额的计量单位一致，以便计算劳动量和材料、机械台班消耗量时直接套用。

2）结合分部（分项）工程的施工方法和技术安全的要求计算工程量。例如，土方开挖时应考虑土的类别、挖土的方法、边坡护坡处理和地下水的情况。

3）结合施工组织的要求，分层、分段计算工程量。

4）计算工程量时，尽量考虑到编制其他计划时使用数据的方便，做到一次计算，多次使用。

（3）确定劳动量和机械台班数量

劳动量和机械台班数量应当根据分部分项工程的工程量、施工方法和现行的施工定额，并结合当时当地的具体情况加以确定。

一般应按下式计算：

$$P = Q/S \tag{6-1}$$

或
$$P = Q \cdot H \tag{6-2}$$

在使用定额时，常遇到定额所列项目的工作内容与编制施工进度计划所列项目不一致的情况，此时应当换算成平均定额：

1）查用定额时，若定额对同一工种不一样时，可用其平均定额，按公式（6-3）计算。

$$H = \frac{H_1 + H_2 + \cdots + H_n}{n} \tag{6-3}$$

式中，H_1，$H_2 \cdots H_n$——同一性质不同类型分项工程时间定额；

H——平均时间定额；

n——分项工程的数量。

当同一性质不同类型分项工程的工程量不相等时，平均定额应用加权平均值，其计算公式为：

$$S = \frac{Q_1 + Q_2 + \cdots + Q_n}{\dfrac{Q_1}{S_1} + \dfrac{Q_2}{S_2} + \cdots + \dfrac{Q_n}{S_n}} = \frac{\sum\limits_{i=1}^{n} Q_i}{\sum\limits_{i=1}^{n} \dfrac{Q_i}{S_i}} \qquad (6\text{-}4)$$

式中，Q_1，$Q_2 \cdots Q_n$——同一性质不同类型分项工程的工程量。

2）对于有些采用新技术或特殊的施工方法的定额，在定额手册中未列入的其定额可参考类似项目或实测确定。

3）对于"其他工程"项目所需劳动量，可根据其内容和数量，并结合工程具体情况，以占总的劳动量的百分比（一般为10%～20%）计算。

4）水暖电卫、设备安装工程项目，一般不计算劳动量和机械台班需要量，仅安排与土建工程配合的进度。

（4）确定各施工过程的施工天数

计算各分部分项工程施工天数的方法有两种：

1）根据工程项目经理部计划配备在该分部分项工程上的施工机械数量和各专业工人人数确定、其计算公式如下：

$$t = \frac{P}{R \cdot N} \qquad (6\text{-}5)$$

式中，t——完成某分部分项工程的施工天数；

P——某分部分项工程所需的机械台班数量或劳动量；

R——每班安排在某分部分项工程上施工机械台数或劳动人数；

N——每天工作班次。

例如，某工程砌筑砖墙，需要总劳动量160工日，一班制工作，每天出勤人数为22人（其中瓦工10人，普工12人）则：

$$t = \frac{P}{R \cdot N} = \frac{160}{22 \times 1} \approx 7 (\text{d})$$

2）根据工期要求倒排进度：首先根据规定总工期和施工经验，确定各分部分项工程的施工时间，然后再按各分部分项工程需要的劳动量或机械台班数量，确定每一分部分项工程每个工作班所需要的工人数或机械台数，如公式（6-6）所示：

$$R = \frac{P}{t \cdot N} \qquad (6\text{-}6)$$

通常计算时均先按一班制考虑，如果每天所需机械台数或工人人数超过施工单位现有人力、物力或工作面限制时，则应根据具体情况和条件从施工技术和组织上采取措施，如增加工作班次，最大限度地组织立体交叉、平行流水施工，加早强剂提高混凝土早期强度等。

【☆案例1】

【例6-1】已知某工程项目现浇混凝土工程量为5000m³，由两台混凝土输送泵和25人浇筑。人工时间定额为0.2工日/m³，采用一天一班制，按定额预算法该工程需持续多少天？

【解】$t = \dfrac{P}{R \cdot N} = 5000 \times 0.2 / 25 \times 1 = 40$（d）

（5）编制进度计划初始方案

根据施工顺序、各施工过程的持续时间、划分的施工段和施工层找出主导施工过程，按照流水施工的原则来组织工程施工，绘制初始的横道图或网络计划，形成初始方案。

（6）施工进度计划的检查与调整

无论采用流水作业法还是网络计划技术，均应对施工进度计划的初始方案进行检查、调整和优化。其主要内容如下。

1）各施工过程的施工工序是否正确，流水施工组织方法的应用是否正确，技术间歇是否合理。

2）编制的计划工期能否满足合同规定的工期要求。

3）劳动力方面，需考虑主要工种工人能否连续施工，劳动力消耗是否均衡。劳动力消耗的均衡性是针对整个单位工程或各个工种而言的，应力求每天出勤的工人人数不发生过大变动。

4）物资方面，主要机械、设备、材料等的利用是否均衡，施工机械是否被充分利用。

根据检查结果，对不满足要求的项目进行调整，如增加或缩短某施工过程的持续时间，调整施工方法或施工技术组织措施等。总之，通过调整，在满足工期的条件下，达到使劳动力、材料、设备需要趋于均衡，主要施工机械利用合理的目的。

另外，在施工进度计划执行过程中，往往会因人力、物力及现场客观条件的变化而打破原定计划，因此，在施工过程中，应经常检查和调整施工进度计划。有关进度计划调整与优化的方法详见模块 7 中的有关内容。

6.5　施工准备及各项资源需要量计划

施工准备工作计划的内容主要包括技术资料、施工组织、物资、现场及场外、季节性施工等的准备工作。

施工进度计划编制完成后，应该立即进行施工准备工作及编制各项资源需用量计划，如施工准备工作计划、主要材料需用量计划、劳动力计划、施工机具需用量计划、构配件需用量计划、运输计划等。以上计划与施工进度计划密切相关，它们是根据施工进度计划及施工方案编制而成的，是做好各种资源供应、调配、平衡及落实的保证。

6.5.1　施工准备工作计划

施工准备工作计划常以表格的形式列出，见表 6-7。

施工准备工作计划　　　　　　　　　　　　　　　　　表 6-7

序号	准备工作项目	简要内容	负责单位	负责人	起止日期		备注
					开始	结束	

6.5.2 各项资源需要量计划

1. 劳动力需用量计划

劳动力需用量计划是根据施工预算、劳动定额和施工进度计划编制而成的，是规划临时建筑和组织劳动力进场的依据。编制时根据各单位工程分工种工程量，查预算定额或有关资料即可求出各单位工程重要工种的劳动力需用量。将各单位工程所需的主要劳动力汇总，即可得出整个建筑工程项目劳动力需用量计划。内容见表 6-8。

劳动力需要量计划一览表

表 6-8

序号	分项工程名称	工种	需要量		需要时间						备注
			单位	数量	×月			×月			
					上旬	中旬	下旬	上旬	中旬	下旬	

2. 主要材料需要量计划

主要材料需要量计划，是备料、供料和确定仓库、堆场面积及组织运输的依据。内容见表 6-9。

主要材料需要量计划一览表

表 6-9

序号	材料名称	规格	需要量		供应时间	备注
			单位	数量		

3. 构件和半成品需要量计划（表 6-10）

构件和半成品需要量计划一览表

表 6-10

序号	构件半成品名称	规格	需要量		使用部位	加工单位	供应日期	备注
			单位	数量				

4. 施工机械需要量计划（表 6-11）

施工机械需要量计划一览表　　　　　　表 6-11

序号	机械名称	类型、型号	需要量		货源	使用起止日期	备注
			单位	数量			

6.6 施工现场平面布置图

以下用一个实际案例说明如何布置施工现场平面图。

本工程是某小区拟建的住宅楼，位于××区，总建筑面积 3018.46m²，建筑占地面积 414.2m²，其中地面以上 7 层，建筑高度自室外筑成地面到女儿墙顶 23.1m，平面示意图如图 6-9 所示。层高为 3m。抗震设防烈度为 6 度。建筑耐久年限为 50 年。建筑屋面防水等级为 I 级，耐久年限为 15 年，采用二道设防。结构形式为框架结构，柱下独立基础。墙体用加气混凝土砌块砌筑，楼面现浇，屋面为平屋面，有女儿墙，SBS 改性沥青卷材防水。

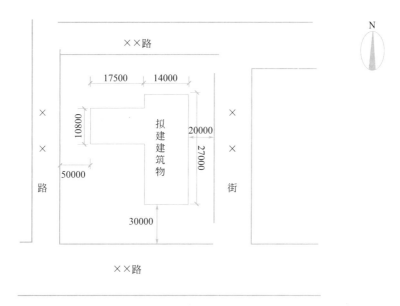

图 6-9　建筑平面示意图

6.6.1 施工总平面图布置说明

1. 施工总平面布置原则

（1）在满足施工需要前提下，尽量减少施工用地，不占或少占农田，施工现场布置要紧凑合理。

（2）合理布置起重机械和各项施工设施，科学规划施工道路，尽量降低运输费用。

（3）科学确定施工区域和场地面积，尽量减少专业工种之间交叉作业。

（4）尽量利用永久性建筑物、构筑物或现有设施为施工服务，降低施工设施建造费用，尽量采用装配式施工设施，提高其安装速度。

（5）各项施工设施布置都要满足：有利生产、方便生活以及防火和环境保护要求。

2. 施工总平面布置的依据

（1）建设项目建筑总平面图、竖向布置图和地下设施布置图。

（2）建设项目施工部署和主要建筑物施工方案。

（3）建设项目施工总进度计划、施工总质量计划和施工总成本计划。

（4）建设项目施工总资源计划和施工设施计划。

（5）建设项目施工用地范围和水电源位置，以及项目安全施工和防火标准。

3. 施工场地面积分配

施工场地面积分配一览表见表6-12。

施工场地面积分配一览表　　　　　　　　　　　　　表 6-12

名称	面积（单位：m²）	名称	面积（单位：m²）
总建筑面积		经理宿舍	
建筑占地面积		员工宿舍	
休息区		大食堂	
茶水间		厕浴室	
办公室		厕所	
会议室		钢筋、模板加工棚	

6.6.2 确定垂直运输机械的位置

垂直运输机械位置必须首先确定。

1. 有轨式起重机（塔式起重机）的布置（图6-10）

有轨式起重机是集起重、垂直提升、水平输送三种功能为一身的机械设备。

（1）单侧布置

当建筑物宽度较小，构件重量不大，选择起重力矩在450kN·m以下的塔式起重机时，可采用单侧布置方式。

当采用单侧布置时，其起重半径R应满足公式（6-7）要求，即：

$$R \geqslant B + A \tag{6-7}$$

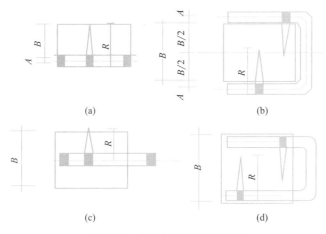

图 6-10 塔式起重机布置方案

(a) 单侧布置；(b) 双侧布置；(c) 垮内单行布置；(d) 垮内环形布置

式中，R——塔式起重机的最大回转半径（m）；

B——建筑物平面的最大宽度（m）；

A——建筑物外墙皮至塔轨中心线的距离。一般当无阳台时，$A=$安全网宽度＋安全网外侧至轨道中心线距离；当有阳台时，$A=$阳台宽度＋安全网宽度＋安全网外侧至轨道中心线距离。

（2）双侧布置或环形布置

当建筑物宽度较大，构件重量较重时，应采用双侧布置或环形布置，此时起重半径应满足公式（6-8）要求：

$$R \geqslant B/2 + A \tag{6-8}$$

（3）跨内单行布置

由于建筑物周围场地狭窄，不能在建筑物外侧布置轨道，或由于建筑物较宽，构件较重时，塔式起重机应采用跨内单行布置才能满足技术要求，此时最大起重半径应满足公式（6-9）：

$$R \geqslant B/2 \tag{6-9}$$

（4）跨内环形布置

当建筑物较宽构件较重，塔式起重机跨内单行布置不能满足构件吊装要求，且塔式起重机不可能在跨外布置时则选择这种布置方案。塔式起重机的位置及尺寸确定之后，应当复核起重量、回转半径、起重高度三项工作参数是否能够满足建筑吊装技术要求。它是以塔轨两端有效端点的轨道中点为圆心，以最大回转半径为半径画出两个半圆，连接两个半圆，即为塔式起重机服务范围（图 6-11）。

在确定塔式起重机服务范围时，最好将建筑物平面尺寸包括在塔式起重机服务范围内，以保证各种构件与材料直接吊运到建筑物的设计部位上，尽可能不出现死角，如果实在无法避免，则要求死角越小越好以保证这部分死角的构件顺利安装，有时将塔吊和龙门架同时使用，以解决这一问题（图 6-12）。但要确保塔吊回转时不能有碰撞的可能，确保施工安全。

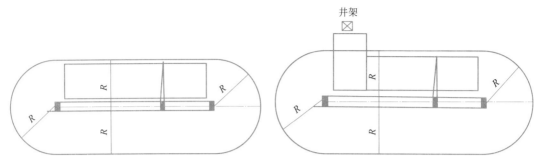

图 6-11　塔式起重机服务范围示意图　　　　图 6-12　塔式起重机龙门架配合示意图

2. 自行无轨式起重机械的布置

自行无轨式起重机分为履带起重机、轮胎起重机和汽车起重机三种。

专门用于构件装卸和起吊各种构件，适用于装配式单层工业厂房主体结构的吊装，亦可用于混合结构大梁等较重的构件的吊装。其吊装的开行路线及停机位置主要取决于建筑物的平面布里、构件重量、吊装高度和吊装方法等。

3. 固定式垂直运输机械的布置

固定式垂直运输机械布置原则是充分发挥起重机械的能力，并使地面和楼面的水平运距最小。

布置时应考虑以下几个方面：

（1）当建筑物各部位的高度相同时，应布置在施工段的分界线附近。

（2）当建筑物各部位的高度不同时，应布置在高低分界线较高部位的一侧。

（3）井架、龙门架的位置布置在窗口处为宜，以避免砌墙留槎和减少井架拆除后的修补工作。

（4）井架、龙门架的数量要根据施工进度，垂直提升的构件和材料数量、台班工作效率等因素计算确定，其服务范围一般为 50～60m。

（5）卷扬机的位置不应距离起重机太近，以便司机的视线能够看到整个升降过程。一般要求此距离大于建筑物的高度，水平距外脚手架 3m 以上。

（6）井架应立在外脚手架之外并有一定距离为宜，一般 5～6m。

6.6.3　确定搅拌站、仓库、材料和构件堆场以及加工厂的位置

搅拌站、仓库、材料和构件的布置应尽量靠近使用地点或在起重机服务范围以内，并考虑到运输和装卸料的方便。

根据起重机械的类型，材料、构件堆场位置的布置，有以下几种：

1. 当采用固定式垂直运输机械时，首层、基础和地下室所有的砖、石等材料宜沿建筑物四周布置，并距坑、槽边不小于 0.5m，以免造成槽（坑）土壁的坍方事故；二层以上的材料、构件应布置在垂直运输机械的附近。当多种材料同时布置时，对大宗、重量大的先期使用的材料，应尽可能靠近使用地点或起重机附近布置，而少量、重量轻的和后期使用的材料，则可布置得远一点，混凝土、砂浆搅拌站、仓库应尽量靠近垂直运输机械。

2.当采用自行有轨式起重机械时，材料和构件堆场位置以及搅拌站出料口的位置，应布置在塔式起重机有效服务范围内。

3.当采用自行无轨式起重机械时，材料、构件堆场、仓库及搅拌站的位置应沿着起重机开行路线布置，且其位置应在起重臂的最大外伸长度范围内。

4.任何情况下，搅拌机应有后台上料的场地，搅拌站所用材料，如水泥、砂、石、水泥罐等都应布置在搅拌机后台附近。当混凝土基础的体积较大时，混凝土搅拌站可以直接布置在其坑边缘附近，待混凝土浇筑完后再转移，以减少混凝土的运输距离。

5.混凝土搅拌机每台占地需有 $25m^2$ 左右，冬期施工时需有 $50m^2$ 左右，砂浆搅拌机每台占地需有 $15m^2$ 左右，冬期施工时需有 $30m^2$ 左右。

6.6.4 现场运输道路的布置

现场主要道路应尽可能利用永久性道路的路基，在土建工程结束之前再铺路面。现场运输道路布置要求见表 6-13。

现场运输道路布置要求 　　　　　　　　　　　　　　　　　表 6-13

序号	车辆类型及要求	道路宽度（m）
1	汽车单行道	≥3.0
2	汽车双行道	≥6.0
3	平板拖车单行道	≥4.0
4	平板拖车双行道	≥8.0

6.6.5 临时设施的布置

临时设施分为生产性临时设施，布置时应考虑使用方便、有利施工、合并搭建、符合安全的原则。

1.生产设施（木工棚、钢筋加工棚）的位置，宜布置在建筑物四周稍远位置，且应有一定的材料、成品的堆放场地。

2.白灰仓库、大白堆放与制备的位置应设在下风向。

3.防水卷材及胶结料的位置应远离易燃仓库或堆场，宜布置在下风向。

4.办公室应靠近施工现场，设在工地入口处。工人休息室靠近工人作业区，宿舍应布置在安全的上风向，收发室宜布置在入口处等。临时宿舍、文化福利、行政管理房屋面积参考表 6-14。

临时宿舍、文化福利、行政管理房屋面积参考表 　　　　　　表 6-14

序号	行政生活福利建筑物名称	单位	最少面积
1	办公室	m^2/人	3.5
2	单层宿舍	m^2/人	2.6～2.8
3	食堂兼礼堂	m^2/人	0.9

序号	行政生活福利建筑物名称	单位	最少面积
4	医务室	m²/人	0.06(且≥30)
5	浴室	m²/人	0.10
6	俱乐部	m²/人	0.10
7	门卫室	m²/人	6.0~8.0

6.6.6 水电管网的布置

1. 施工水网的布置

（1）施工用的临时给水管一般由建设单位的干管或自行布置的干管接到用水地点，布置时应力求管网总长度短，管径的大小和水龙头数目需视工程规模大小通过计算确定。管道可埋置于地下，也可以铺设在地面上，视当时的气温条件和使用期限的长短而定，其布置形式有环形、枝形、混合式三种。

（2）供水管网应按防火要求布置室外消防栓，消防栓应沿道路设置，距道路应不大于2m，距建筑物外墙不应小于6m，也不应大于25m，消防栓的间距不应超过120m，工地消防栓应设有明显的标志，且周围3m以内不准堆放建筑材料。

（3）为了排除地面水和地下水，应及时修通永久性下水道，并结合现场地形在建筑物周围设置排泄地面水和地下水的沟渠。

2. 施工供电的布置

（1）为了维修方便，施工现场一般采用架空配电线路，且要求现场架空线与施工建筑物水平距离不小于10m，电线与地面距离不小于6m，跨越建筑物或临时设施时，垂直距离不小于2.5m。

（2）现场线路应尽量架设在道路的一侧，且尽量保持线路水平，以免电杆受力不均，在低压线路中，电杆间距应为25~40m，分支线及引入线均应由电杆处接出，不得由两杆之间接线。

（3）单位工程施工用电应在全工地性施工总平面图中一并考虑。一般情况下，计算出施工期间的用电总数，提供给建设单位解决，不另设变压器。只有独立的单位工程施工时，才根据计算出的现场用电量选用变压器，其位置应远离交通要道口处，布置在现场边缘高压线接入处，四周用铁丝网围住。

🔍 知识链接6

问题一　现场准备工作不足

解决措施：

做好编制前的充分工作准备。主要包括施工组织准备、施工技术准备、建材资源及人力安排等方面的多方准备，积极组织图纸会审，熟悉施工图纸、工期以及工程量的相关资料，还要选择合适的施工方法，编制相应的施工进度计划、资源的需求量计划。并多方借鉴先进的施工经验，汇集先进的施工组织设计思路，从勘察现场、调查材料、研究图纸等方面进行更深入的探讨分析，从而根据本工程项目的具体特点来编制一个实用性的施工组织设计。

问题二　资源得不到充分的利用

解决措施：

施工组织设计必须对每个建筑工程逐个逐项进行设计，以适应不同工程的实际特点。目前所积累的建筑施工技术资源得不到有效充分的应用，特别是其中的智力资源，这都是因为设计人员自身素质和经验不足造成的，所以须充分利用工程中人的因素，提高编制人员的工作素质，加强工作责任心的培养，做好编制中的选人、择人工作是从根本上提供编制质量的可靠措施。

问题三　组织管理不力

解决措施：

加强对施工组织设计的重视程度，把施工组织设计当成是日常施工管理的工作守则，牢记于心。精选优良的工程施工技术，想尽办法提高管理水平，改变施工组织设计由技术部门统一包揽的错误做法，要充分发挥项目经理在建筑施工中的协调管理作用，实际做法就是协调工作不仅要从技术上下功夫，更要建立一整套健全完善的项目管理制度，通过管理来减少施工中各专业搭配合作问题，具体表现为建立以甲方项目经理为主的统一领导结构，统一指挥，各自分工解决各施工单位的管理协调工作，除此之外，项目经理还要全面了解掌握各专业的工序和设计要求，便于统筹各专业的施工队伍，保证施工的每一个环节的成功实现，这样做得真正目的就是为了实行谁主管项目实施，就由谁负责主持编制并执行施工组织设计，使施工组织设计能较好地服务于施工项目管理的全过程。

知识链接7

施工组织设计与单位工程施工组织设计的区别

施工组织设计是用来指导施工项目全过程各项活动的技术、经济和组织的综合性文件，是施工技术与施工项目管理有机结合的产物，它能保证工程开工后施工活动有序、高效、科学合理地进行。而单位工程施工组织设计，是指以单位工程为主要对象编制的施工组织设计，对单位工程的施工过程起指导和制约作用。单位工程施工组织设计是一个工程的战略部署，是宏观定性的，体现指导性和原则性，是一个将建筑物的蓝图转化为实物的总文件，内容包含了施工全过程的部署、选定技术方案、进度计划及相关资源计划安排、各种组织保障措施，是对项目施工全过程的管理性文件。两者的指导对象截然不同。

单元总结

　　本单元主要介绍了单位工程施工组织设计编写的依据、原则和程序；详细介绍了单位工程施工组织设计的内容、资源需用量计划编制方法；重点阐述施工方案的选择、进度计划的编制步骤和方法、施工现场平面图布置的内容和步骤。

　　通过本单元的学习，使学生明确编制单位工程施工组织设计的基本内容及依据，掌握单位工程概况及工程特点，熟悉施工方案、施工顺序的选择方法；掌握施工进度计划各项的编制步骤及编制要求，结合课程设计的工程对象，编制出具有指导性的施工进度计划；掌握施工现场平面图布置的内容及步骤。

思考及练习

一、单项选择题

1. 某建筑公司作为总承包商承接了某单位迁建工程项目的施工任务。项目包括办公楼、住宅楼、综合楼各一栋以及室外工程，其中新建办公楼设计了地下二层停车场，并设有大型设备层，地下室底面标高−17.5m，地下情况复杂，施工困难。公司针对整个迁建工程项目制定的施工组织设计属于（　　　）。

  A. 施工规划　　　　　　　　　　　　B. 单位工程施工组织设计

  C. 施工组织总设计　　　　　　　　　D. 分部分项工程施工组织设计

2. 针对新建办公楼的深基坑的施工，应当编制（　　　）。

  A. 施工规划　　　　　　　　　　　　B. 单位工程施工组织设计

  C. 施工组织总设计　　　　　　　　　D. 分部分项工程施工组织设计

3. 对整个建设工程项目的施工进行战略部署，并且是指导全局性施工的技术和经济纲要的文件是（　　　）。

  A. 施工总平面图　　　　　　　　　　B. 施工组织总设计

  C. 施工部署及施工方案　　　　　　　D. 施工图设计文件

4. 某公司计划编制施工组织设计，已收集和熟悉了相关资料，调查了项目特点和施工条件，计算了主要工种的工程量，确定了施工的总体部署，接下来应该进行的工作是（　　　）。

  A. 拟定施工方案　　　　　　　　　　B. 编制施工总进度计划

  C. 编制资源需求量计划　　　　　　　D. 编制施工准备工作计划

5. 施工组织总设计编制程序中，拟订施工方案之后紧接着的工作是（　　　）。

  A. 编制施工总进度计划　　　　　　　B. 确定施工的总体部署

  C. 计算主要工种工程的工程量　　　　D. 编制资源需求量计划

6. 用以衡量组织施工的水平，并对施工组织设计文件的技术经济效益进行全面评价的是（　　　）。

  A. 施工平面图　　　　　　　　　　　B. 施工进度计划

  C. 主要技术经济指标　　　　　　　　D. 施工方案

二、多项选择题

1. 施工组织设计内容要结合工程对象的实际特点、施工条件和技术水平进行综合考虑，一般包括（　　　）。

A. 工程概况

B. 施工部署及施工方案

C. 施工进度计划

D. 施工安全计划

E. 施工平面图

2. 下列选项中，是单位工程施工组织设计主要内容的是（　　　）。

A. 施工方案的选择

B. 各项资源需求量计划

C. 单位工程施工进度计划

D. 技术组织措施

E. 作业区施工平面布置图设计

3. 施工组织总设计的主要内容有（　　　）。

A. 施工部署及其核心工程的施工方案

B. 施工方法和施工机械的选择

C. 施工总进度计划

D. 工程技术经济指标

E. 主要措施项目清单

4. 施工组织总设计的编制依据有（　　　）。

A. 计划文件

B. 合同文件

C. 建设地区基础资料

D. 资源配置情况

E. 类似建设工程项目的资料和经验

5. 施工组织总设计的主要内容包括（　　　）。

A. 建设项目的工程概况

B. 施工方案的选择

C. 各项资源需求量计划

D. 全场性施工总平面图设计

E. 施工总进度计划

6. 施工组织设计是对施工活动实行科学管理的重要手段，它具有（　　　）等作用。

A. 战略部署

B. 工程建设增值

C. 战术安排

D. 系统分析

E. 提高价值

Chapter 07

教学单元7
施工进度计划控制

 教学目标

1. 知识目标：

了解施工进度计划管理的目标；理解施工进度控制原理及方法；掌握施工进度计划的检查与比较的方法与措施。

2. 能力目标：

具备独立分析施工进度计划出现偏差的能力，并能够进行有效的纠偏。

3. 素质目标：

在编制施工方案的过程中，要充分考虑到课程的内容、未来工作岗位、工作环境特点与思政元素的无缝介入，避免生硬的思想教育。在专业课程教育教学过程中，除了要培养学生掌握科学知识、提高逻辑思维的能力外，还应注重职业素养、思想道德修养教育，发挥专业课程的育人价值，以专业知识为载体进行思想教育，具有一定的实效性和说服力，凸显隐性教育。

思维导图

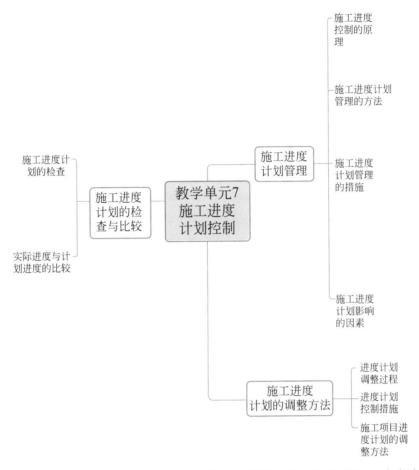

施工进度计划管理的总目标是确保施工项目的既定目标工期的实现，或者在保证施工质量和不增加施工实际成本的条件下，适当缩短施工工期。

7.1　施工进度计划管理

7.1.1　施工进度控制的原理

1. 动态控制原理

进度控制是一个不断进行的动态控制，也是一个循环进行的过程。

2. 系统原理

包含有工程项目计划系统、工程项目进度实施组织系统、施工项目进度控制组织系统。

3. 信息反馈原理

实际进度经过反馈逐级向上反馈。

4. 弹性原理

使施工进度计划具有弹性。

5. 封闭循环原理

计划→实施→检查→比较分析→确定调整措施循环进行。

6. 网络计划技术原理

在施工项目的控制中，利用网络计划技术原理编制进度计划，根据收集的实际进度信息，比较和分析进度计划，利用网络计划的工期优化、工期与成本优化和资源优化的理论调整计划。网络计划技术原理是进度控制完整的计划管理和分析计算的理论基础。

7.1.2 施工进度计划管理的方法

施工项目进度控制的方法主要是规划、控制和协调。

规划，是指确定施工项目的总进度控制目标和分进度控制目标，并编制其进度计划。

控制，是指在施工项目实施的全过程中，进行施工实际进度与施工计划进度的比较，出现偏差时及时采取措施调整。

协调，是指协调与施工进度有关的单位、部门和工作队组之间的关系。

7.1.3 施工进度计划管理的措施

进度控制主要包括组织措施、经济措施、技术措施、合同措施、管理措施和信息管理措施等。

1. 组织措施

通过分析确认由于组织的原因而影响项目目标实现的问题，并采取相应的措施，如调整项目组织结构、任务分工、管理职能分工、工作流程组织和项目管理班子人员等。

2. 经济措施

经济措施主要涉及编制与进度计划相适应的资源需求计划和采取加快施工进度的经济激励措施。

3. 技术措施

技术措施，是指采取科学的方法制订施工进度计划，确定项目的总进度目标和分进度目标，审核其科学性和可实施性，并在实施的过程中进行严格的控制；采用网络计划技术及其他科学适用的计划方法，利用计算机对工程项目进度计划实施动态控制；对施工组织计划进行科学的技术评审和分析；对实施中的施工计划进行及时的监控和修订。

4. 合同措施

合同措施，是指采取分段发包、提前施工等措施缩短工期，保证各施工合同的工期与进度计划能够统一，在合同中明确约定工期进度要求，并规定相应的奖惩措施，防止工期拖延。如在承发包合同中写进有关工期和进度的条款，建设单位在招标时应通过制定进度优惠条件鼓励施工单位尽可能加快施工进度。另外做好工程施工记录，保存各种文件，特别是有关工程变更的图纸和资料，为工程实施进度的过程和变化找出原因，并可以预测和纠正以后的施工进度计划。

5. 管理措施

管理措施，是指上级单位或领导，利用其行政地位和权利，通过发布进度指令，对施工进度进行指导、协调、检查、考核，利用激励、监督等方式进行进度控制。

6. 信息管理措施

信息管理措施，是指将不断收集到的施工实际进度的有关资料进行整理统计，并与计划进度进行比较，定期地向建设单位提供比较报告。具体包括：建立计算机信息动态管理系统，建立完善的信息、档案管理制度，建立文件传递程序、收集和整理制度等。

7.1.4　施工进度计划影响的因素

由于工程建设项目具有庞大、复杂、周期长、相关单位多等特点，因此影响施工进度计划的因素也很多，具体影响因素如下。

1. 参与建设的相关单位

虽然施工项目的主要施工单位对施工进度起决定性作用，但是建设单位与业主、设计单位、总承包单位以及施工单位上级主管部门、银行信贷单位、材料设备供应部门、运输部门、水电供应部门及政府的有关主管部门都可能给施工某些方面造成困难而影响施工进度。

2. 施工环境的不可预见性

一方面工程地质条件和水文地质条件与勘查设计不符，如地质断层、溶洞、地下障碍物、软弱地基及暴雨、高温和洪水等都将对施工进度产生影响，造成临时停工或破坏；另一方面施工工期较长，存在许多不可预见的因素，如自然灾害、社会动乱、工程事故等，都会影响到施工进度。

3. 技术失误与施工失误

施工技术不科学，可能造成盲目施工、质量事故的出现，如导致返工、拖延进度；应用新技术、新材料、新结构缺乏经验，不能保证质量等，都要影响施工进度和造成施工失误。

4. 供货单位

施工过程中需要的材料、构配件、机具和设备等不能按期运抵施工现场或运抵后发现不符合有关标准的要求，都会影响施工进度。

5. 施工组织管理不利

施工现场的情况千变万化，承包单位的施工方案不恰当、计划不周详、管理不完善、解决问题不及时等，都会影响工程项目的施工进度。例如，施工平面布置不合理、劳动力和机械设备的选配不当、流水施工组织不合理等都将影响施工进度计划的执行。

6. 项目设计变更因素

项目设计变更因素主要有建设单位改变项目设计功能、项目设计图样错误或变更等。

7. 资源短缺

工程的顺利施工必须有足够的资金作为保障。通常，资金的影响来自业主，或由于没有及时给足工程预付款，或由于拖欠工程进度款，甚至要求承包商垫资。例如，某商用工程施工单位在签订工程承包合同时不得不接受业主在前期工程的结算工程款中扣下 500 万元作为后期工程保修金的要求，这将影响承包单位流动资金的周转，从而影响施工进度。

7.2 施工进度计划的检查与比较

7.2.1 施工进度计划的检查

在施工项目的实施过程中，为了进行施工进度管理，进度管理人员应经常性地、定期地跟踪检查施工实际进度情况，主要是收集施工项目进度材料，进行统计整理和对比分析，确定实际进度与计划进度之间的关系，其主要工作包括以下内容。

1. 跟踪检查施工实际进度

跟踪检查施工实际进度是分析施工进度、调整施工进度的前提，其目的是收集实际施工进度的有关数据。跟踪检查的时间、方式、内容和收集数据的质量，将直接影响控制工作的质量和效果。

进度计划检查应按统计周期的规定进行定期检查，并应根据需要进行不定期检查。进度计划的定期检查包括规定的年、季、月、旬、周、日检查，不定期检查指根据需要由检查人（或组织）确定的专题（项）检查。检查内容应包括工程量的完成情况、工作进度的执行情况、资源使用及与进度的匹配情况、上次检查提出问题的整改情况以及检查者确定的其他检查内容。检查和收集资料的方式一般采用经常、定期地收集进度报表，定期召开进度工作汇报会，或派驻现场代表检查进度的实际执行情况等。

2. 整理统计检查数据

将收集到的施工项目实际进度数据按施工进度计划管理的工作项目内容进行整理统计，最终形成与计划进度具有可比性的数据。一般可以按实物工程量、工作量和劳动消耗量以及累计百分比整理和统计实际检查的数据，以便与相应的计划完成量进行比对。

3. 将实际进度与计划进度进行对比分析

将收集的资料整理和统计成与计划进度具有可比性的数据后，用施工项目实际进度与计划进度的比较方法进行比较，得出实际进度与计划进度保持一致、超前和拖后三种情况。

4. 施工项目进度检查结果的处理

将施工项目进度检查的结果，按照检查报告制度的规定，形成进度控制报告，向有关主管人员和部门汇报。

进度控制报告一般分为项目概要级进度控制报告、项目管理级进度控制报告和业务管理级进度控制报告。其中，业务管理级的进度报告是以某个重点部位或重点问题为对象编写的报告，供项目管理者及各业务部门采取应急措施而使用。

7.2.2 实际进度与计划进度的比较

实际进度与计划进度的比较是建设工程进度监测的主要环节，常用的进度比较方法有横道图比较法、S 形曲线比较法、"香蕉"形曲线比较法和前锋线比较法。

1. 横道图比较法

横道图比较法，是指将在项目实施中检查实际进度收集的信息，经整理后直接用横道线并列标于原计划的横道线处，进行直观比较的方法。采用横道图比较法，可以形象、直观地反映实际进度与计划进度的比较情况。

（1）匀速进展横道图比较法

匀速施工，是指在施工项目中，每项工作的施工进展都是匀速的，即在单位时间内完成的任务量都是相等的，累计完成的任务量与时间呈直线变化。

采用匀速进展横道图比较法进行比较的步骤如下。

1）编制横道图进度计划。

2）在进度计划上标出检查日期。

3）将检查收集到的实际进度数据经加工整理后，按比例用黑粗线标于计划进度的下方，如图 7-1 所示。

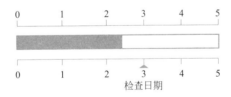

图 7-1 匀速进展横道图比较法（单位：月）

4）对比分析实际进度与计划进度：

① 粗线的右端在检查日期的右侧，表明实际进度超前。

② 粗线的右端在检查日期的左侧，表明实际进度拖后。

③ 粗线的右端与检查日期重合，表明实际进度与施工计划进度一致。

匀速进展横道图比较法只适用于在工程从开始到完成的整个过程中，其施工速度是不变的，累计完成的任务量与时间成正比。若工程的施工速度是变化的，则此种方法不适用。

（2）非匀速进展横道图比较法

当在不同单位时间里的施工进展速度不相等时，累计完成的任务量与时间就不可能是线性关系。此时，应采用非匀速进展横道图比较法进行工程的实际施工进度与计划施工进度的比较。

非匀速进展横道图比较法适用于施工进度按变速进展的情况，它是在用黑粗线表示工作实际进度的同时，在表上标出某对应时刻完成任务的累计百分比，将该百分比与同时刻计划完成任务累计百分比相比较，判断工作的实际进度与计划进度之间关系的一种方法，如图 7-2 所示。

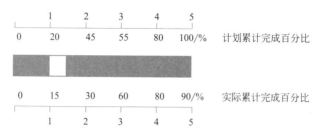

图 7-2　非匀速进展横道图比较法（单位：月）

采用非匀速进展横道图比较法进行比较的步骤如下。

1）绘制横道图进度计划。

2）在横道线上方标出各主要时间计划完成任务量累计百分比。

3）在横道线下方标出相应时间实际完成任务量累计百分比。

4）用黑粗线标出工作的实际进度，从开始之日标起，同时反映出该工作在实施工程中的连续与间断情况。

5）对比横道线同一时刻上方计划完成累计量与下方实际完成累计量，判断工作实际进度与计划进度之间的关系。

① 如果同一时刻横道线上方累计百分比大于横道线下方累计百分比，表明实际进度拖后，拖欠的任务量为二者之差。

② 如果同一时刻横道线上方累计百分比小于横道线下方累计百分比，表明实际进度超前，超前的任务量为二者之差。

③ 如果同一时刻横道线上下方两个累计百分比相等，表明实际进度与计划进度一致。

横道图比较法优点：

1）容易编制；

2）各工作起止时间、作业持续时间、工程进度、总工期一目了然；

3）流水情况表示的清楚。

横道图比较法缺点：

1）只能表示静态情况，仅适用于施工中的各项工作都是按均匀速度的情况；

2）反映不出哪些工作是主要的，哪些生产关系是关键的。

2. S 形曲线比较法

S 形曲线比较法是以横坐标表示时间，纵坐标表示累计完成任务量（该工作量的具体表示内容可以是实物工程量的大小、工时消耗或费用支出额，也可以用相应的百分比来表示），而绘制出一条按计划时间累计完成任务量的 S 形曲线；然后将工程项目实施过程中各检查时间实际累计完成任务量的 S 形曲线也绘制在同一坐标系中，进行实际进度与计划进度比较的一种方法。

从整个工程项目实际进展的全过程看，单位时间投入的资源量一般是开始和结束时较少，中间阶段较多。与其相对应，单位时间完成的任务量也呈同样的变化规律，如图 7-3

所示。而随工程进展累计完成的任务量则应呈 S 形变化,如图 7-4 所示。因其形似英文字母"S"而得名 S 形曲线,S 形曲线可以反映整个工程项目进度的快慢信息。

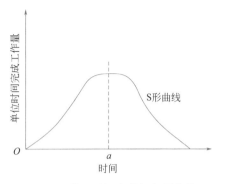

图 7-3　单位时间完成任务量曲线

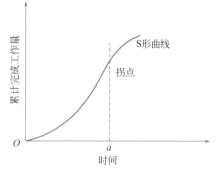

图 7-4　累计完成任务量关系曲线

　　S 形曲线比较法与横道图比较法一样,是在图上直观地进行施工项目实际进度与计划进度的比较。一般情况下,计划进度控制人员在计划实施前绘制出 S 形曲线。在项目施工过程中,按规定时间将检查的实际完成情况与计划 S 形曲线绘制在同一张图上,可得出实际进度 S 形曲线,如图 7-5 所示。比较前后两条 S 形曲线可以得到如下信息。

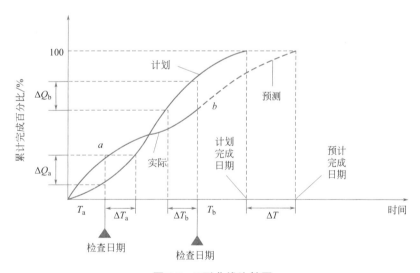

图 7-5　S 形曲线比较图

　　(1) 项目实际进度与计划进度比较。当实际工程进展点落在计划 S 形曲线左侧时,表示此时实际进度比计划进度超前;若落在其右侧,则表示拖后;若刚好落在其上,则表示二者一致。

　　(2) 项目实际进度比计划进度超前或拖后的时间。ΔT_a 表示 T_a 时刻实际进度超前的时间;ΔT_b 表示 T_b 时刻实际进度拖后的时间。

　　(3) 项目实际进度比计划进度超额或拖欠的任务量。如图 7-5 所示,ΔQ_a 表示 Q_a 时刻超额完成的任务量;ΔQ_b 表示在 T_b 时刻拖欠的任务量。

（4）预测工程进度。若后期工程按原计划速度进行，则工期拖延预测值为 ΔT。

3. "香蕉"形曲线比较法

"香蕉"形曲线由两条同一开始时间、同一结束时间的 S 形曲线组合而成。其中，一条 S 形曲线是工作按最早开始时间安排进度所绘制的 S 形曲线，简称 ES 曲线；而另一条 S 形曲线是工作按最迟开始时间安排进度所绘制的 S 形曲线，简称 LS 曲线。一般情况下，除了项目的开始和结束点外，其余时刻 ES 曲线上的各点均落在 LS 曲线相应点的左侧，形成一条形如"香蕉"的曲线，故称为"香蕉"形曲线，如图 7-6 所示。

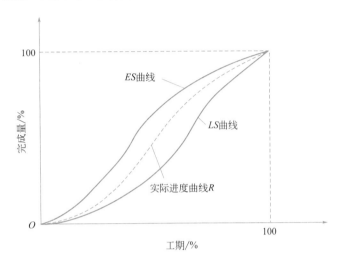

图 7-6 "香蕉"形曲线比较图

4. 前锋线比较法

前锋线，是指在原时标网络计划上，从检查时刻的时标点出发，用点画线依次将各项工作实际进展位置点连接而成的折线。

前锋线比较法就是通过实际进度前锋线与原进度计划中各工作箭线交叉点的位置来判断工作实际进度与计划进度的偏差，进而判定该偏差对后续工作及总工期影响程度的一种方法。

采用前锋线比较法的步骤如下：

（1）绘制时标网络计划图

工程项目实际进度前锋线是在时标网络计划图上标示，为清楚起见，可在时标网络计划图的上方和下方各设置一个时间坐标。

（2）绘制实际进度前锋线

一般从时标网络计划图上方时间坐标的检查日期开始绘制，依次连接相邻工作的实际进展位置点，最后与时标网络计划图下方坐标的检查日期相连接。

（3）进行实际进度与计划进度的比较

前锋线可以直观地反映出检查日期等有关工作的实际进度与计划进度之间的关系。对某项工作来说，其实际进度与计划进度之间的关系可能存在以下 3 种情况。

1）工作实际进展位置点落在检查日期的左侧，表明该工作实际进度拖后，拖后的时间为二者之差。

2）工作实际进展位置点与检查日期重合，表明该工作实际进度与计划进度一致。

3）工作实际进展位置点落在检查日期的右侧，表明该工作实际进度超前，超前的时间为二者之差。

4）通过实际进度与计划进度的比较确定进度偏差后，还可根据工作的自由时差和总时差预测该进度偏差对后续工作及总工期的影响。

【☆案例 1】

某建筑工程双代号时标网络计划执行到第 3 周末和第 9 周末，监理工程师对实际进度进行了检查，检查结果如图 7-7 中的前锋线（点画线）所示。

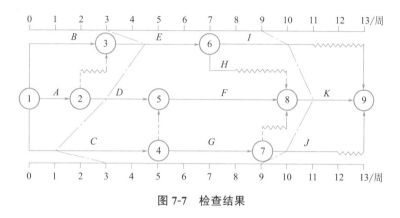

图 7-7　检查结果

（1）对第 3 周末工程的实际进度与进度计划进行比较，说明工作完成情况及对工期的影响，需不需要采取赶工措施。

（2）对第 9 周末工程的实际进度与进度计划进行比较，说明工作完成情况，并阐述实际进度对工期有无影响，需不需要采取赶工措施。

（3）对于以上两种情况如果需要采取赶工措施，你打算怎么做？

【解答】

（1）根据第 3 周末检查结果前锋线图可看出：第 3 周末 A 和 B 工作已经完成，C 工作拖后两周，D 工作正常施工，E 工作提前一周半。因为 C 是关键工作，所以能使总工期延长两周。这就要求 C 工作采取赶工措施。

（2）第 9 周末除了 I、J、K 三项工作没有完成外，其余工作都已经完成。第 9 周末 I 工作提前一周，J 工作提前一周，K 工作提前两周，总工期将提前两周。因此不需要赶工。

（3）第 3 周末对 C 工作采取的赶工措施可以是以下方式中的一种或多种：

1）增加资源投入，如增加劳动力、材料、周转材料和设备的投入量，这是最常用的办法。

2）重新分配资源，如将服务部门的人员投入生产中去，投入风险准备资源，采用多班制施工，或延长工作时间。

3）减小工作范围，包括减少工作量或删去一些工作包（或分项工程）。

4）改善工具、器具以提高劳动效率。

5）提高劳动生产率，主要通过辅助措施和合理的工作安排。

6）将原计划由自己承担的某些分项工程分包给其他单位，将原计划由自己生产的结构构件改为外购等。当然，这不仅会有风险，产生新的费用，而且需要增加控制和协调工作。

7.3 施工进度计划的调整方法

7.3.1 进度计划调整过程

1. 进度监测的系统过程，包括：

（1）进度计划的实施。

（2）实际进度数据的收集及加工处理。

（3）实际进度与计划进度的比较。

（4）若实际的进度与计划进度不一致，则应对计划进行调整或对实际工作进行调整，使实际进度与计划进度尽可能一致。

2. 进度调整的过程，包括：

（1）分析进度偏差产生原因。

（2）分析进度偏差对后续工作和总工期的影响。

（3）确定后续工作和总工期的限制条件。

（4）采取措施调整进度计划。

（5）实施调整后的进度计划。

7.3.2 进度计划控制措施

施工项目进度控制采取的主要措施有组织措施、技术措施、合同措施、经济措施和信息管理措施等。

1. 组织措施：主要是指落实各层次的进度控制的人员，具体任务和工作责任；建立进度控制的组织系统；进行目标分解，确定其进度目标，建立控制目标体系；确定进度控制工作制度，如检查时间、方法、协调会议时间、参加人员等。

2. 技术措施：主要是采取加快施工进度的技术方法。

3. 合同措施：是指对分包单位、劳务施工班组签订施工合同的合同工期与有关进度计划目标相协调。

4. 经济措施：是指实现进度计划的资金保证措施。

5. 信息管理措施：是指不断地收集施工进度的有关资料进行整理统计与进度计划比较，定期向监理单位提供比较报告。

7.3.3　施工项目进度计划的调整方法

1. 分析偏差对后续工作及总工期的影响

（1）进度偏差体现为某项工作的实际进度超前

对一项非关键工作，其实际进度的超前事实上不会对计划工期形成任何

影响，往往可导致资源使用情况发生变化，管理过程中稍有疏忽甚至可能打乱整个原定计划对资源使用所作的合理安排，特别是在有多个平行分包单位施工的情况下，由此而引起的后续工作时间安排的变化往往会给项目管理者的协调工作带来许多麻烦，对网络计划中的一项关键工作而言，尽管其实施进度提前可引起计划工期的缩短，但基于上述原因，往往同样也会使缩短部分工期的实际效果不佳。因此，当进度计划执行过程中产生的进度偏差体现为某项工作的实际进度超前时，若超前幅度不大，此时计划不必调整；若超前幅度过大，则此时计划必须调整。

（2）进度偏差体现为某项工作的实际进度滞后

1）若出现进度偏差的工作为关键工作，则由于工作进度滞后，必然会引起后续工作最早开工时间的延误和整个计划工期的相应延长，因而必须对原定进度计划采取相应调整措施。

2）当出现进度偏差的工作为非关键工作，且工作进度滞后天数已超出其总时差，则由于工作进度延误同样会引起后续工作最早开工时间的延误和整个计划工期的相应延长，因而必须对原定进度计划采取相应调整措施。

3）若出现进度偏差的工作为非关键工作，且工作进度滞后天数已超出其自由时差而未超出其总时差，则由于工作进度延误，只引起后续工作最早开工时间的拖延而对整个计划工期并无影响，因而此时只有在后续工作最早开工时间不宜推后的情况下才考虑对原定进度计划采取相应调整措施。

4）若出现进度偏差的工作为非关键工作，且工作进度滞后天数未超出其自由时差，则由于工作进度延误对后续工作的最早开工时间和整个计划工期均无影响，因而不必对原总进度采取任何调整措施。

2. 改变某些工作间的逻辑关系

当工程项目实施中产生的进度偏差影响到总工期，且有关工作的逻辑关系允许改变时，可以不改变工作的持续时间，而是通过改变关键线路和超过计划工期的非关键线路上的有关工作之间的逻辑关系，达到缩短工期的目的。例如，将顺序进行的工作改为平行作业，对于大型建设工程，由于其单位工程较多且相互间的制约比较小，可调整的幅度比较大，因此容易采用平行作业的方法调整施工进度计划。而对于单位工程项目，由于受工作之间工艺关系的限制，可调整的幅度比较小，因此通常采用搭接作业及分段组织流水作业等方法来调整施工进度计划，从而有效地缩短工期。但不管是平行作业还是搭接作业，建设工程单位时间内的资源需求量都会增加。

3. 缩短后续某些工作的持续时间

这种方法不改变工作之间的逻辑关系，只是压缩某些工作的持续时间，从而使工程进度加快，以此保证实现计划工期。这些被压缩持续时间的工作是位于因实际施工进度的拖延而引起总工期增长的关键线路和某些非关键线路上的工作，同时，这些工作又是可压缩持续时间的工作。

具体表现出下列几个特点：

（1）研究后续各项工作持续时间压缩的可能性及其极限工作持续时间。

（2）确定因计划调整、采取必要措施而引起的各项工作的费用变化率。

（3）选择直接引起拖期的工作即紧后工作优先压缩，以免拖期影响扩散。

（4）选择费用变化率最小的工作优先压缩，以求花费最小代价，满足既定工期要求。

（5）综合考虑第3条、第4条，确定新的调整计划。

缩短关键工作的持续时间时，同时要采取一定的措施来达到目的，如组织措施、技术措施、经济措施、其他配套措施。

单元总结

本单元主要介绍施工进度计划控制的相关知识，介绍了施工进度计划管理；施工进度计划的检查与比较；施工进度计划的调整方法；根据施工进度计划安排，跟踪检查施工实际进度，并将实际进度与计划进度进行对比分析，发现有进度偏差时，应根据偏差对后续工作及总工期的影响，采取相应的调整方法对原进度计划进行调整，以确保工期目标的顺利实现。

思考及练习

一、单项选择题

1. 在建设工程进度计划的实施过程中，监理工程师控制进度的关键步骤是（　　）。

A. 加工处理收集到的实际进度数据　　　B. 调查分析进度偏差产生的原因

C. 实际进度与计划进度的对比分析　　　D. 跟踪检查进度计划的执行情况

2. 采用横道图比较法进行实际进度和计划进度的比较中，若每项工作累计完成的任务量与时间呈线性关系，说明工作（　　）。

A. 累计进展效果是均匀的　　　　　B. 累计进展效果是线性的

C. 进展速度是线性的　　　　　　　D. 进展速度是均匀的

3. 香蕉曲线是由（　　）绘制而成的。

A. ES 与 LS　　　　　　　　　　　B. EF 与 LF

C. ES 与 EF　　　　　　　　　　　D. LS 与 LF

4. 在下列实际进度与计划进度的比较方法中，（　　）既可以用来比较进度计划中工作的实际进度与计划进度，也可以根据进度偏差预测其对总工期及后续工作的影响程度。

A. 匀速进展横道图比较法　　　　　B. 非匀速进展横道图比较法

C. S 形曲线比较法　　　　　　　　D. 前锋线比较法

5. 在某工程网络计划中，已知工作 M 总时差和自由时差分别为 7d 和 4d，监理工程师检查实际进度时，发现该工作的持续时间延长了 5d，说明此时工作 M 的实际进度将其紧后工作的最早开始时间推迟（　　）。

A. 5d，但不影响总工期　　　　　　B. 1d，但不影响总工期

C. 5d，并使总工期延长 1d　　　　　D. 4d，并使总工期延长 2d

二、多项选择题

1. 进度计划的调整方法有（　　　）。

A. 改变某些工作间的逻辑关系　　　B. 缩短某些工作的持续时间

C. 将顺序进行的工作改为流水作业　D. 将顺序进行工作改为搭接作业

E. 缩短关键线路上的后续工作

2. 通过比较实际进度 S 形曲线和计划进度 S 形曲线，可以获得（　　　）信息。

A. 工程项目实际进展状况　　　　　B. 工程项目实际进度超前或拖后的时间

C. 工程项目实际超额或拖欠的任务量　D. 后期工程进度预测

E. 各项工作的最早开始时间和最迟开始时间

3. 为了全面、准确地掌握进度计划的执行情况，监理工程师应认真做好（　　　）方面的工作。

A. 定期收集进度报表资料　　　　　B. 协助承包单位实施进度计划

C. 现场实地检查工程进展情况　　　D. 签发工程进度款支付凭证

E. 定期召开现场会议

4. 某工作计划进度与实际进度如下图所示，从图中可获得的正确信息有（　　　）。

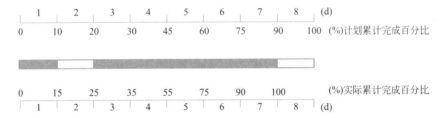

A. 第 4d 至第 7d 内计划进度为匀速进展

B. 第 1d 实际进度超前，但在第 2d 停工

C. 前 2d 实际完成工作量大于计划工作量

D. 该工作已提前 1d 完成

E. 第 3d 至第 6d 内实际进度为匀速进展

参考文献

［1］ 中华人民共和国住房和城乡建设部. 房屋建筑制图统一标准 GB 50001—2017［S］. 北京：中国建筑工业出版社，2017.

［2］ 中华人民共和国住房和城乡建设部. 建筑制图标准 GB/T 50104—2010［S］. 北京：中国建筑工业出版社，2010.

［3］ 中华人民共和国住房和城乡建设部. 混凝土结构设计规范 GB 50010—2010［S］. 北京：中国建筑工业出版社，2010.

［4］ 中华人民共和国住房和城乡建设部. 建筑结构荷载规范 GB 50009—2012［S］. 北京：中国建筑工业出版社，2012.

［5］ 中华人民共和国住房和城乡建设部. 建筑工程施工质量验收统一标准 GB 50300—2013［S］. 北京：中国建筑工业出版社，2013.

［6］ 雷平. 建筑施工组织与管理［M］. 北京：中国建筑工业出版社，2021.

［7］ 危道军. 建筑施工组织（第五版）［M］. 北京：中国建筑工业出版社，2022.

［8］ 毛鹤琴. 土木工程施工（第三版）［M］. 湖北：武汉理工大学出版社，2007.

［9］ 刘瑾瑜，吴洁. 建设工程项目施工组织及进度控制［M］. 湖北：武汉理工大学出版社，2012.